机械产品绿色制造
关键技术与装备专利导航

李建勇　满　佳◎主编

科学技术文献出版社
SCIENTIFIC AND TECHNICAL DOCUMENTATION PRESS
·北京·

图书在版编目（CIP）数据

机械产品绿色制造关键技术与装备专利导航 / 李建勇，满佳主编. —北京：科学技术文献出版社，2022.11（2025.1重印）

ISBN 978-7-5189-9973-6

Ⅰ.①机… Ⅱ.①李… ②满… Ⅲ.①机械制造工艺—无污染技术—专利 Ⅳ.① TH16-18

中国版本图书馆 CIP 数据核字（2022）第 236503 号

机械产品绿色制造关键技术与装备专利导航

策划编辑：崔　静　徐沙泠　责任编辑：李　晴　责任校对：张　微　责任出版：张志平

出　版　者	科学技术文献出版社
地　　　址	北京市复兴路15号　邮编　100038
编　务　部	（010）58882938，58882087（传真）
发　行　部	（010）58882868，58882870（传真）
邮　购　部	（010）58882873
官　方　网址	www.stdp.com.cn
发　行　者	科学技术文献出版社发行　全国各地新华书店经销
印　刷　者	北京虎彩文化传播有限公司
版　　　次	2022年11月第1版　2025年1月第2次印刷
开　　　本	710×1000　1/16
字　　　数	184千
印　　　张	12.5
书　　　号	ISBN 978-7-5189-9973-6
定　　　价	46.00元

编委会

目　　录

第1章　机械产品绿色（再）制造产业概况

绿色制造是当今时代制造业科技革命和产业变革的方向，绿色经济已成为全球产业竞争的重点。以碳达峰、碳中和目标为引领，大力推进制造业节能降碳，全面提高资源利用效率，积极推行清洁生产，提升绿色低碳循环技术、绿色产品、服务供给能力，为制造业绿色低碳转型及制造业绿色、智能相互促进、深度融合提供创新技术支撑。

1.1　产业界定

绿色制造（Green Manufacturing）是一种综合考虑环境影响和资源消耗的现代制造模式。其目标是使产品从设计、制造、包装、使用到报废处理的整个生命周期中，对环境的负面影响小、资源利用率高、综合效益大，使企业的经济效益与社会效益得到协调优化。

绿色制造的核心在于产品的生命周期里实现"4 R"，即减量化（Reduce）、再利用（Reuse）、再循环（Recycle）、再制造（Remanufacture），再制造产业涵盖其中的再利用（Reuse）、再循环（Recycle）、再制造（Remanufacture），本次项目以再制造产业为主线展开研究，间接涵盖其他领域。

1.1.1　绿色（再）制造的定义

再制造是把传统模式下到达使用寿命的产品，通过相关技术及工艺（如修复技术、技术改造或再生等），使其质量或性能达到甚至超过原产品的技术措施或工程活动。宏观上讲，再制造是以废旧产品全生命周期设计和管理为指导，以实现其性能跨越式提升为目标，以优质、高效、节能、节材、环保为准则，以先进技术和产业化生产为手段，对废旧产品实施回收、拆解、清洗、检测、修复、改造或再生、装配、测试检验等一系列技术措施或工程活动的总称；微观而言，再制造是指在全生命周期内对失效零部件进行专业化修复、改造或再生的工序过程环节。

《机械产品再制造　通用技术要求》（GB/T 28618—2012）规范了机械产品再制造流程，如图 1-1 所示。

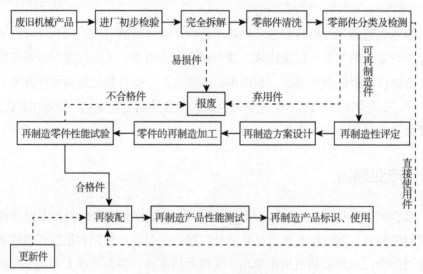

图 1-1　机械产品再制造流程

《再制造　术语》（GB/T 28619—2012）规定，再制造是对再制造毛坯进行专业化修复或升级改造，使其质量特性不低于原型新品水平的过程。其中，质量特性包括产品功能、技术性能、绿色性、经济性等。再制造过程一般包括再制造毛坯的回收、检测、拆解、清洗、分类、评估、修复加工、再装配、检测、标识及包装等。

但是随着再制造生产实践活动的推进，发现很大一部分再制造产品只需性能达到或超过新品，就足以满足使用需要和寿命要求，无须强制所有再制造产品的质量达到或超过新品的质量，这样体现不出再制造的成本优势，反而会阻碍再制造产业的发展。

再制造的出现完善了全生命周期的内涵，使得产品在使用周期的末端（报废阶段）不再成为固体垃圾，从而使传统、开放式生命周期（研制—使用—报废）转变为闭环式（研制—使用—退役—再生）理想绿色产品生命周期，如图1-2所示。再制造不仅可以使废旧产品起死回生，而且还能更好地解决资源节约和环境污染问题。因此，再制造是对产品全生命周期的延伸和拓展，赋予了废旧产品新的寿命，形成了产品的多生命周期循环。

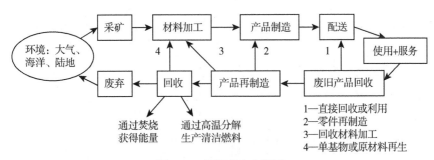

图1-2　闭环式生命周期

传统的产品生命周期是从开发到报废的开环系统，这时的产品在报废阶段只是固体垃圾，其主要表现为以下3个特性。

① 单向性。产品生命周期的物流、信息流方向是从产品规划至报废单向流动的，前后段相互影响不大。

② 阶段性。产品生产企业的全部工作只涉及产品生命周期的部分阶段，用户则是全链条中的终端主体。

③ 孤立性。产品周期中各阶段的行为主体相互关联性不强，生产企业不对产品循环再利用负责，也不与开展产品再利用业务的第三方发生直接关系。

再制造开启了一个从本轮生命周期进入下一轮生命周期的多生命周期循环过程，形成了一个闭环系统，延长了产品的使用寿命。产品全/多生命周期理论认为，从原材料、产品设计、制造、使用与维修到回收处理再利用、再循环，构成了一个产品的生命周期全过程。基于这种产品全/多生命周期理论，产品产业链沿着其零部件的生命过程得到了延伸，形成了闭环式结构。以汽车全生命周期为例，在这个闭环系统里，包含了再制造、传统制造、维修和再循环，但再制造有别于传统制造、维修和再循环（图1-3）。

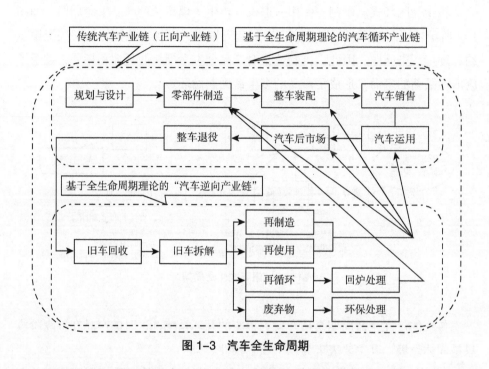

图1-3 汽车全生命周期

再制造与维修、传统制造、再循环的区别主要体现在制造对象、生产过程和输出产品性能及质量3个方面（表1-1）。

表1-1 再制造与维修、传统制造、再循环的区别

项目	再制造	维修	传统制造	再循环
制造对象	到达寿命或技术落后的产品	运行中的故障产品	原材料	废旧产品及包装材料
生产过程	完全拆解 零部件再制造 再制造产品重新装配	故障诊断 故障部件拆解 故障部件修理或替换 部件重新装配	专业化批量生产	回炉冶炼

项目	再制造	维修	传统制造	再循环
输出产品性能及质量	恢复到新品的性能，形成的是新品	维修后的零部件	性能好	获得原材料本身的价值

1.1.1.1　再制造与传统制造的区别

再制造属于制造的范畴，但不等同于制造。两者之间的区别体现在以下 4 个方面。

（1）对象不同

制造的对象是原材料。再制造的对象则是不合格品、损坏的零部件及报废品等，属于半成品，零部件具有各自不同的技术状态和剩余寿命，每个零部件毛坯可能来源于不同的废旧产品，需要经历不同的再制造修复技术，毛坯状态、失效形式和再制造修复方法都有高度的随机性和不确定性。

（2）生产过程不同

制造过程是从原材料到产品，而再制造生产过程则是从再制造毛坯到再制造产品的过程。再制造过程主要包括 5 个重要阶段：一是废旧产品回收、拆解、清洗等；二是零部件质量检测及其寿命评估；三是失效零部件表面尺寸恢复至可供加工的毛坯尺寸；四是再制造坯料的加工，实现几何尺寸、精度和机械性能的新品化；五是再制造零部件的装配、试验和验收。

（3）质量控制体系不同

由于再制造产品的生产过程体现了回收、拆解、清洗、再制造加工、再装配和再检测等生产节点，其过程较传统制造更为复杂。因此，其质量控制体系也愈加复杂。

（4）生产成本不同

再制造的原材料可以通过废旧零部件回收获得，与传统制造的原材料相比，具有较高的资源利用率，生产成本也比传统制造低。一般来讲，再制造零部件产品在价格上有较强优势。

因此，制造过程中输入的毛坯原材料多属于初级制成品，质量单一，易于保证产品的生产一致性和可靠性，原材料的采购成本随着生产过程的不同而变化。再制造的输入对象为已处于失效状态的退役产品零部件，通过采用一定的技术措施使这些失效的退役零部件的质量或性能恢复至新品水平，即要求所有零部件经过再制造加工后，必须恢复其原始新品的设计集合要素，不能丧失其装配互换性。

1.1.1.2　再制造与维修的区别

再制造过程起源于维修，但与维修存在明显的本质上的区别，如表1-1所示。

（1）对象不同

维修主要针对出现故障的在役产品，而再制造主要针对达到寿命或技术落后的产品。

（2）生产内容不同

维修主要以更换零部件为主，以单件或小批量零部件的性能修复为辅，对在使用过程中因磨损或折旧不能正常使用的个别零部件所进行的修复，为产品在使用阶段继续保持其良好技术状况及正常运行而采取的技术措施，其生产过程具有明显的随机性、原位性和应急性。

再制造主要是通过新技术对废旧机电产品进行专业化和批量化修复使其达到新品性能的生产过程，包含产品批量拆解、回收、清洗、修复、再装配等工艺过程。

（3）技术标准不同

维修的技术标准主要是执行目标对象的维修标准，其修复后的产品质量和性能无法达到新产品的水平，维修后的产品仍然是旧产品。

再制造生产过程各个环节具有规范的技术标准，再制造产品的技术性能和质量可靠性不低于原型号的新品。再制造产品的可靠性建模和分析方法也将不同于新产品制造和维修。经过再制造形成的不是二手产品，而完全是新产品。

因此，从制造质量或性能达到甚至超过原型新品质量或性能、再制造过程充分吸纳高新技术，以及规模化的生产方式这3个特点可以看出，再制造是机电产品修复发展的高级阶段。

1.1.1.3　再制造与再循环的区别

再循环是一种低级、低效的再利用工艺，主要是针对经过前期使用后，其原材料已经丧失了新品的物理性质、化学性质，不能满足制造新品所需基本条件的废旧产品，通过再循环工艺过程，失效零部件通过回炉、重熔等方式回归至初级材料原始状态，零部件的附加加工值随之消失，一般只能实现降级再利用，而再制造则可以将达到寿命的产品恢复到新品的性能。

1.1.2　绿色（再）制造在全生命周期中的地位

绿色制造的理念应该贯穿产品的全生命周期，如图 1-4 所示。在产品设计阶段，要考虑产品的再制造性设计；在产品的服役至报废阶段，要考虑产品的全生命周期信息跟踪；在产品报废阶段，要考虑产品的非破坏性拆解、低排放式物理清洗，要进行零部件的失效分析及剩余寿命演变规律的探索，要完成零部件失效部位具有高结合强度和良好摩擦学性能的表面涂层的设计、制备与加工，以及对表面涂层和零部件尺寸超差部位的机械平整加工及质量控制等。

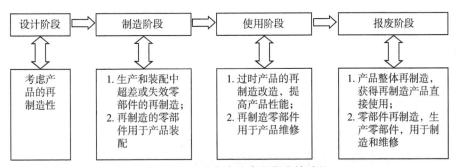

图 1-4　再制造在全生命周期中的地位

再制造的对象是"废旧产品"，既可以是设备、系统、设施，也可以是其零部件；既包括硬件，也包括软件。产品报废是指其寿命的终结，可分为物质寿命、技术寿命和经济寿命，通过对产品的维护和修理能延长其物质寿命和经济寿命，对其进行改造、升级可延长其技术寿命和经济寿命。

在科技高速发展的今天，为适应产品更新换代、工艺改进、材料更新等需要，原生产线上的设备往往提前报废，一些耗能高、排污大的旧式产品（如一些老型号的电动机、锅炉）有时被企业或政府部门强制淘汰，诸多性能和科技含量低的过时产品会被市场抛弃，在这种情况下报废产品一般都没有达到它的物质寿命，有些是半新甚至是全新产品，大部分零部件可直接使用或可通过再制造加工、改造成为新的产品。此外，来自不同渠道的旧品，主要包括更换下来的高品质的零部件，同样可通过再制造被重新使用。可见，再制造的对象是多种多样的，构成极其广泛。

再制造根据其加工范围可分为恢复性再制造、升级性再制造和综合性再制造。恢复性再制造，主要针对达到物理寿命和经济寿命的产品，在失效分析和寿命评估的基础上，把蕴含使用价值或由于功能性损坏或技术性淘汰等原因不再使用的产品作为再制造毛坯，采用表面工程等先进技术进行加工，使其尺寸和性能得以恢复。升级性再制造，主要针对已达到技术寿命的装备、不符合当前使用要求的装备或不符合节能减排要求的产品，通过技术改造、局部更新，特别是通过新材料、新技术、新工艺等的使用，改善和提升装备技术性能，延长装备的使用寿命，减少环境污染。综合性再制造，主要针对失效零部件在性能恢复的同时实现升级再制造，即所谓对失效零部件"控形控性"的修复。例如，在役再制造，就是以装备健康能效检测诊断理论为基础指导、以在役老旧和性能低下的机电装备实现提升健康能效和智能化水平为目标、以再制造后装备更适应生产为需求准则、以先进技术和再设计为手段进行改造机电装备的一系列技术措施或工程活动。

1.1.3 绿色（再）制造产业发展的意义

机电产品与人类社会生活息息相关，如生活中的电器、电子设备和生产中的机械、各类农具、电器、电子设备等生产设备与生活用机具等。废旧机电产品存在种种问题与价值，具体如下。

1.1.3.1 废旧机电产品处理不当将会对环境造成严重污染

废旧机电产品大部分材料由金属、塑料、玻璃等固体无机物成分构成，产品退役报废后不易降解。甚至有部分电子元器件还具有重金属毒性，对环境危害大。因此，机电产品报废后的主要表现形式与生活垃圾有明显区别。机电产品报废后采用传统的掩埋、焚烧、堆肥等普通垃圾处理方法，不但占用大量土地、破坏自然环境，还会对空气、土壤和水质造成严重污染，影响人类的生活质量，威胁人们的身体健康，不利于综合利用资源。

1.1.3.2　废旧机电产品蕴含大量的可再利用资源

废旧机电产品大多含有金属材料，因此，蕴含丰富的可再利用资源。据统计，1 t 电脑及其部件含有约 0.9 kg 黄金、270 kg 塑料、128.7 kg 铜、58.5 kg 铅、39.6 kg 锡、36 kg 镍、19.8 kg 锑等资源。每回收 200 万辆汽车，仅对其中的废旧发动机进行资源化利用，可节约钢材 80 万 t，节电 30 亿 kW·h。而每回收利用 1 t 废钢铁，可炼钢 850 kg，相当于节约成品铁矿石 2 t，节能 0.4 t 标准煤。

1.1.3.3　废旧机电产品蕴含丰富的剩余附加值

机电产品大多由多个部件或零件组成。每个零部件在其制造过程中均注入了劳动力、资金、技术等附加值，其价值往往要大于产品材料本身的价值。以废旧汽车为例，汽车发动机作为核心零部件，本身的材料价值仅占全部价值的 5%，却是汽车再制造的主要对象、附加值最高的汽车零部件再制造产品。

据估计，原厂商如果能够回收再利用已退役产品，只要再多付出 20% 的努力，就可以节省 40% ~ 60% 的生产成本。

废旧产品再制造与废旧产品回炉相比，其节能减排效果十分突出。据美国阿贡国家实验室统计结果表明，再制造 1 辆汽车的能耗只是制造 1 辆新车的 1/6，再制造 1 台汽车发动机的能耗是 1 台新发动机的 1/7。

装备再制造的基础是对装备中失效的零部件进行再制造，再制造的对象是经过使用的成形零部件，这些零部件中蕴含着从采矿、冶炼到加工一系列的附加值（包括全部制造活动中的劳动成本、能源消耗成本、设备工具损耗成本等），再制造能极大地保留和利用这些附加值，降低加工成本、减少能耗。

再制造的对象是由于功能性损坏或技术性淘汰等原因不再使用的机电产品及其零部件，该机电产品在使用过程中，科学技术迅速发展，新材料、新工艺、新检测手段、新控制装置不断涌现。在对旧机电产品实施再制造时，可以吸纳最新成果，既可以提高易损零部件的使用寿命，又可以对老旧设备进行技术改造，还可以弥补原设计和制造中的不足，使产品质量得到提升。

再制造过程中采用批量化的生产方式，再制造企业从事再制造生产需要获得认证，出售的再制造产品应有明确的标识，确保废旧装备及其零部件在全面性能质量恢复过程中有健全的质量保障体系保证，质量稳定可靠。

作为中国绿色制造产业中的重要一环，再制造产业在中国完成"碳中和""碳达峰"的道路上发挥着重要作用，促进中国经济可持续发展。

1.2 知识产权相关法律分析

1.2.1 专利法律分析

如何确定再制造的法律性质，涉及修理和再造的界限，二者中间的边界比较模糊，到底如何在修理和再造之间划出一个界限，不单单是一个事实或法律问题，在很大程度上反映了国家政策取向和再制造产业发展程度，反映了再制造产业和权利人的博弈结果。

按照《朗文当代高级英语辞典》的解释，再造是破坏后重建、再建。按照《布莱克法律词典》的解释，再造是事实上或观念上重建、再建、重新成型，对物的整体丢失或损坏之后的恢复。这两个解释内容相同。在美国判例中，联邦最高法院的法官对再造的定义具有典型性："再造只限于在专利产品作为一个整体报废以后，实质上制造一个新产品的重新制造。"参考这一定义及专利法原理，归纳出再造的定义及构成要件。

再造的定义为以生产经营为目的，对已整体报废的专利产品进行再制造的行为。再造又分为经过权利人许可和未经权利人许可两类。经过权利人许可的再造得到了权利人的授权，不会侵犯专利权。未经权利人许可的再造没有得到权利人的授权，其法律后果等同于未经许可的制造行为，是违反专利法的，属于专利侵权行为。

专利产品再造的构成要件包括以下4个。

1.2.1.1　专利产品

专利产品再造的对象是有专利的产品。其中的专利可以是产品专利或方法专利，所以再造的对象有两种可能：该产品或其零部件具有产品专利；产品或零部件由专利方法制成。

① 对具有产品专利的产品或其零部件的再制造，是否构成侵权，要进一步根据以下整体报废、实质再造、为生产经营目的 3 个要件进行判断。

对产品有专利权的情况，可以分为整体产品有专利权和零部件有专利权两种情况。对于整体产品有专利权的情形，对该产品的再制造有可能构成再造，而将完好零部件组装成专利产品无疑也会构成制造。

而对于零部件有专利权，整体产品没有专利权的情形，如果再制造了零部件，有可能构成再造；如果对专利零部件没有进行再制造，而是从合法渠道购买到专利零部件，并再制造了其他零部件，一起组装成再制造产品，则不构成侵权。

② 再制造采用了受保护的方法专利，无疑会构成侵权，这是专利法规定的方法专利的权利范围。本书的分析排除了方法专利的情况，以下所指"专利产品"都指含有产品专利的产品。

1.2.1.2　整体报废

该专利产品在物理性能上或安全性能上已经整体报废，失去了使用价值，通常的换件或维修已经无法恢复其使用价值，使用者只能购买新产品来获得同样的使用价值。

为什么需要整体报废这个要件呢？专利产品再制造背后其实反映的是专利权用尽的问题，专利权是在首次销售之后用尽，其隐含的意思是通过首次销售，专利权人的研发投入已经得到回报。专利产品拥有人付出了对价，得到了产品在预期寿命内的完整使用价值，在预期寿命中产品拥有人对产品权利的行使方式是没有限制的，拥有人可以占有、使用、收益、处分，可以修理、改造，可以将产品的使用范围拓宽，可以将零部件加工、修复、更换。如果专利产品拥有人将产品出售，后续购买者也会获得和第一个购买者同样范围的权利。这种权利来自专利权用尽原则对专利权人和使用人所附加的隐含契约，专利权人让渡其专利权中的使用权、许诺销售权和销售权而获得使用人的价金。专利产品拥有人对产品的使用权、许诺销售权和销售权延续到该产品整体报废为止。在专利产品整体报废之后，产品拥有人对产品中的专利权就丧失了权利。如果此时对报废产品进行再制造，就会侵犯专利权。

整体报废包括物理性能的报废和安全性能的报废两种情况。物理性能的报废就是产品的性能显著下降，在物理上已经无法修复，或者修复的费用超过重置的费用。具体产品的物理性能与产品的预期使用寿命、质量、保养情况有关。实务中，物理性能的报废是一个需要人来判断的事实，法官要根据该产品的实际性能来判断该产品是否整体报废。

安全性能的报废应当根据国家相关法规来判断，国家相关法规对于一些产品的物理性能没有报废，而从人身安全等角度考虑必须报废的情形做出明确规定，如一次性医疗器械、灭火器、家用高压锅等。

现代社会工作和生活节奏都很快，产品的更新换代也非常迅速。跟以往注重节约的观念不同，现在许多产品在物理性能上还没有报废，甚至完好无损就被淘汰了，这就为如何判断专利产品是否已经整体报废带来了更多的困难。例如，家用电器领域，现在已经出现了从城市收购旧家电，翻新后出售到农村和边远地区的二手家电市场，对其中的专利产品，如何确定其是否已整体报废，很难在立法中做出明确规定，只能是由法官个案判断、自由裁量了。又如，现在大量出现的一次性产品，如一次性相机在使用后是否就已整体报废，确实难以判断。不同法院对于同样的事实常常做出不同的判决。

1.2.1.3 再制造（实质上再造）

再造在"实质上制造了一个新产品"，再造行为的目的和后果都如同重新制造新产品。再造的目的是获得如同新产品一样的完整使用价值，而不是延长旧产品的使用寿命。再造的产品具有和新产品几乎同样的使用价值。"实质上再造"是美国联邦最高法院威特克法官在"帆布车顶案"判决书中的用语，其含义相当于本书中的"再制造"。

对于专利产品来说，制造、使用、许诺销售、销售、进口都会构成侵权，而制造包括组装，组装专利产品也构成侵权。再制造也包括组装过程，因此，再制造专利产品就会构成再造。

1.2.1.4　以生产经营为目的

如同制造构成专利侵权的前提是以生产经营为目的，构成再造的再制造也必须是以生产经营为目的，使用者对专利产品的再造行为不构成侵权。构成再造的主体必须是专门的再制造从业者，他们从市场中收购报废的专利产品，经过拆解、修复、检测之后，出售给使用者。构成再造没有数量上的限制，只要是为生产经营目的，再制造一件专利产品也是再造。再造不以规模生产为要件。

符合以上 4 个要件的再制造行为就构成了侵犯专利权的再造，企业在发展过程中应对再制造产生的法律问题予以重视，避免陷入法律纠纷。

1.2.2　商标法律分析

1.2.2.1　使用何种商标

使用原商标销售毫无疑问会侵犯原始制造商的商标权，因为再制造产品中的部分零部件经过再制造厂家的加工，产品也经过其装配、检测，其品质、性能已不同于原来的新产品，其来源当然也不同于原始产品。

厂家从市场中购买新的原始产品零部件将其组装成完整产品，或者购买报废产品进行再制造，厂家在销售时应当标示谁的商标？此问题《商标法》中已有明确的答案。我国《商标法》第四条规定自然人、法人或者其他组织在生产经营活动中，对其商品或者服务需要取得商标专用权的，应当向商标局申请商标注册。从此条的规定可以看出，法律允许经营者对其商品或服务标示自己的商标。再制造业者从事的可视为报废原始商品的"加工"，当然有权也有必要标示自己的商标，而不能标示原始制造商的商标。因为再制造的商品和原始商品的生产者不同、生产工艺不同、品质不同、产品质量责任的承担者不同，因而必须标示不同的商标。假如再制造厂家以原始制造商的商标出售再制造产品，无疑就侵犯了原始制造商的商标权，并且构成了对消费者的欺诈。

1.2.2.2 反向假冒

反向假冒在我国《商标法》中是明令禁止的侵权行为,现行《商标法》第五十七条对反向假冒是这样规定的:

有下列行为之一的,均属侵犯注册商标专用权:(五)未经商标注册人同意,更换其注册商标并将该更换商标的商品又投入市场的。

《商标法》禁止的反向假冒,只是未经任何加工,仅仅更换商标标志的行为,其禁止的商品范围涵盖了所有商品,包括汽车、发动机这样的大件商品。

但是再制造不是简单地更换原始商品的商标后进行销售,而是需要对报废的原始商品进行拆解、修复、组装、检测这样复杂的再制造加工,再制造厂家在再制造产品上标示自己的商标是完全合法的行为。

1.3 机械产品绿色(再)制造技术链分析

再制造过程,是将由不同渠道回收的旧件经过拆解、清洁、检测后作为毛坯进行性能和几何结构要素的恢复,使其质量(或性能)达到或超过新品,然后进行再装配,满足出厂性能测试的工艺过程。在实现废旧零部件高效再利用的同时,充分挖掘废旧产品中蕴含的资源、能源、劳动付出等方面的剩余价值,实现节约资源、降低消耗、减少排放。由于用作毛坯的再制造旧件来源复杂,且经过长期使用后均处于不同的失效进程之中,要获得质量不低于新品的再制造产品,一般要经历回收拆解、清洁、检测评估、性能和尺寸恢复、加工与改性、装配与检测等阶段,与之相匹配的再制造技术体系构成情况如图1-5所示。

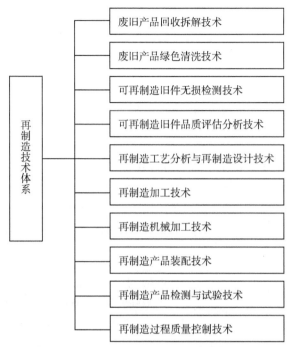

图 1-5　再制造技术体系构成

1.3.1　绿色回收拆解与绿色清洗技术

1.3.1.1. 绿色回收拆解

不同渠道回收的废旧产品经过回收分类、环保处理与深度拆解等过程后，一般要达到最小单元（组成零部件），并将拆解过程中的损害程度降至最小，甚至是无损化拆解，为后续再制造加工创造条件，回收拆解过程要有效地控制可能造成的二次污染，实现有毒有害物质的有效管控与处理，拆解下的零部件按照直接再使用件、降级再使用件、可再制造件、再循环件及废弃物的形式分类分级，其中获得可再制造件是整个回收拆解过程中的重点。

国内外对拆解的研究主要集中在可拆解性设计、拆解规划（包括拆解的模型、拆解序列算法、序列的优化、智能拆解等）、拆解的评估体系软硬件开发及拆解装备研发等方面。国外在可拆解性设计理论与方法研究、拆解模型建立与拆解序列优化算法研究方面开展了大量开创性工作，并针对一些重点行业领域开发了部分自动化拆解装备。国内在该领域的研究相对较晚，在可拆解性设计研究，特别是在实际产品设计的应用方面尚处于起步阶段。

《再制造　机械产品拆解技术规范》（GB/T 32810—2016）中总结了常用的再制造拆解方法，如表 1-2 所示。

表 1-2　常用的再制造拆解方法

拆解方法	拆解原理	特点	适用范围
击卸法	利用敲击或撞击产生的冲击能量将零件拆解分离	使用工具简单、操作灵活方便、使用范围广	容易产生锈蚀的零件，如万向传动十字轴、转向摇臂、轴承等
拉拔法	利用通用或专用工具与零部件相互作用产生的静拉力拆卸零部件	拆解件不受冲击力，零件不易损坏	拆解精度要求较高或无法敲击的零件
顶压法	利用手压机、油压机等工具进行的一种静力拆解方法	施力均匀缓慢，力的大小和方向容易控制，不易损坏零件	拆卸形状简单的过盈配合件
温差法	利用材料热胀冷缩的性能，使配合件在温差条件下失去过盈量，实现拆解	需要专用加热或冷却设备和工具，对温度控制要求较高	尺寸较大、配合过盈量较大及精度较高的配合件，如电机轴承、液压压力机套筒等
破坏法	采用车、锯、錾、钻、割等方法对固定连接件进行物理分离	拆解方式多样，拆解效果存在不确定性	使用其他方法无法拆解的零部件，如焊接件、铆接件或互相咬死件等
加热渗油法	将油液渗入零件结合面，增加润滑，实现拆解	不易擦伤零件的配合表面	需经常拆解或有锈蚀的零部件，如齿轮联轴节、止推盘等零部件

1.3.1.2　废旧零部件清洗技术

废旧产品被拆解到最小单元后，需根据形状、材料、类别、损坏情况等进行分类，然后采用相应的方法进行清洁化处理。零部件表面清洗是再制造过程中的一道重要工序，是开展后续再制造加工的基础性工艺。零部件表面清洗的质量，直接影响零部件性能分析、表面检测、再制造加工及装配，对再制造产品的质量具有全面影响。

与经过再制造后的零部件或新品零部件清洗工艺不同的是，经过长期服役后的废旧产品表面附着了大量的油脂、锈蚀、泥垢、水垢、积炭等污物，这些污物具有不同的物理属性和化学属性，清洗难度较大，需要采用不同的工艺进行清洗并去除，目前常用的清洗方法有物理法、化学法或电化学方法。可再制造零部件的清洁度要求主要体现在 4 个方面：一是充分保证零部件内外彻底清洁化，其清洁度达到与新品一样的质量水平；二是在清洁过程中不能造成零部件表面的损伤或磨损；三是尽可能采用绿色化清洁方法，减少清洁过程对原辅材料造成的污染；四是对清洁后留下的污物进行无害化处理，以防止造成二次污染。

随着我国再制造产业规模的不断扩大，针对不同的清洁方法，相关企业、研究机构开发出一批再制造零部件清洗工具、设备或清洗生产线，形成了满足上述 4 项要求的清洗设备质量标准。我国再制造试点企业内也建立起符合环保要求，并满足再制造零部件清洁质量标准的清洁作业流水线，为批量化再制造加工提供了工艺和装备保证。

目前，再制造行业主要采用以下清洗技术。

（1）热能清洗技术

热能清洗技术是一种物理清洁技术。在报废零部件上附着的污垢常被沥青和矿物油粘接在一起，牢固地粘在零部件表面，单独靠使用表面活性剂和溶剂难以完成热能对报废零部件清洗的目的。由于水和有机溶剂对污垢的溶解速度和溶解量随温度升高而提高，所以提高温度有利于溶剂发挥其溶解作用，而且还可以节约水和有机溶剂的用量。清洗后用水冲洗时，较高的水温更有利于去除吸附在清洗对象表面的碱和表面活性剂。

（2）浸液清洗技术

浸液清洗包括两种清洗方式：浸泡清洗和流液清洗。浸泡清洗就是将清洗对象放在清洗液中浸泡、湿润而洗净的湿式清洗。在浸泡清洗系统中，浸泡清洗分别在不同洗槽中进行，分多次进行的浸泡清洗可以得到洁净度很高的表面。因此，浸泡清洗具有清洗效果良好的特点，特别适用于对数量多的小型清洗对象清洗。浸泡清洗系统一般由清洗工艺、冲洗工艺、干燥工艺 3 个部分组成。浸泡清洗系统基本有两种方式：一是清洗槽用溶剂、冲洗槽用清水的方式；二是清洗槽、冲洗槽都使用同一种溶剂的方式。流液清洗除了可以把零部件置于洗涤剂中的静态处理外，还可以让清洗液在清洗对象表面流动，以便提高污垢被解离、乳化、分散的效率，称为流液清洗。浸液清洗是目前使用最广泛、成本相对低廉的一种零部件清洁方式，在采用这种方式时需关注清洗液的环保化处理。

（3）压力清洗技术

压力清洗中根据采用的压力不同，分为高压、中压，以及负压、真空等清洗方式，这些方式都能产生很好的清洗力。影响压力清洗效果的主要因素有喷射清洗的作用力、喷射所用喷嘴和喷射清洗液。目前，压力清洗主要有两种：一种是持续性泡沫喷射清洗；另一种是高压水射流清洗。

（4）摩擦与研磨清洗技术

废旧零部件摩擦与研磨清洗方法主要有 3 种：摩擦清洗、研磨清洗和磨料喷砂清洗。其中，摩擦清洗是指在废旧零部件自动清洗装置中，向表面喷射清洗液的同时，使用合成纤维材料做成的旋转刷子擦拭产品表面，以提高清洗效果；但这种方法要防止对清洗对象的再污染，以及吸附污垢和静电火灾。研磨清洗是指用机械作用力去除表面污垢的方法。研磨方法包括使用研磨粉、砂轮、砂纸及其他工具对含污垢的清洗对象表面进行研磨、抛光等。研磨清洗的作用力比摩擦清洗的作用力大很多，操作方法主要有手工研磨和机械研磨。磨料喷砂清洗是指把干的或悬浮于液体中的磨料定向喷射到零部件或产品表面的清洗方法。磨料喷砂清洗是清洗领域内广泛应用的方法之一，可用于清除金属表面的锈层、氧化皮、干燥的污物、型砂和涂料等。

（5）超声波清洗技术

超声波清洗技术是利用超声波对污垢的解离分散能力而采用的一种清洗方法，这种方法中超声波起到辅助作用，以增加清洁效果。超声波清洗机由超声波发生器和清洗箱组成。电磁振荡器产生的电磁波通过超声波发生器转化为同频超声波，通过媒液传递到清洗对象。超声波发生器通常安装在清洗槽下部，也可以安装在清洗槽侧面，或采用移动式超声波发生器装置。超声波在清洗装置中的作用主要表现在 3 个方面：超声波本身具有的能量作用、空穴破坏时放出的能量作用及超声波对媒液的搅拌流动作用。超声波清洗工艺参数主要包括振动频率、功率密度、清洗时间和清洗液温度，这些参数对超声波清洗效果均有重要影响。

（6）高温炉清洁技术

机电产品经过长期使用运行之后，部分零部件的内外表面存留着大量的顽固性油垢、锈蚀。高温炉清洁技术是将被清洁零部件送入燃烧炉中，使零部件表面油垢产生燃烧而去除表面油垢的清洁方法，这种方法一般与喷丸/砂工序配合使用，经过高温炉燃烧后的零部件污垢很容易在喷丸工序中去除。由于这种高温炉在清洁过程中，高温会引起材料组织的变化及几何形状的变形，因此，对于力学性能和几何精度有特别要求的零部件要慎重采用。采用高温炉清洁技术的典型零部件有汽车发动机、油底壳等。

1.3.2　表面处理技术

经过长期服役的零部件，其表面和近表面会发生改变，这些改变主要表现为表面磨损、变形、凹坑、锈蚀、裂纹等缺陷，通过尺寸恢复法和尺寸加工法两种再制造成形技术，使已经处于失效进程或者已经失效的零部件表面几何形状和性能得以恢复，满足进入新一轮使用周期的需要。

对于表面力学性能发生较大改变的零部件表面，先通过去除表面失效层，再恢复尺寸的方法，实现原零部件精加工的要求。对于几何精度和形状变化不大，力学性能发生改变的零部件表面，需通过一定的手段恢复性能，以上两种情况都需要采用表面工程技术方法，也就是通过表面涂覆、表面改性或多种表面技术复合处理，改变固体金属表面或非金属表面的形态、化学成分、组织结构和应力状况，以获得所需表面几何尺寸和性能。再制造与表面工程的结合，是再制造的创新发展。表面工程在再制造中的应用，不但实现了对再制造部件或产品尺寸的完全恢复，提高了旧品利用率，降低了再制造成本，使节能、节材、保护环境的效果更加凸显，而且提升了再制造产品的性能，这已成为我国零部件再制造比国外再制造更为先进的创新特色，受到国际同行的高度评价。目前，在我国再制造行业普遍采用的表面工程技术可分为表面改性、表面处理、表面涂层技术、表面覆层技术、复合表面技术等。

1.3.2.1 表面镀层再制造技术

（1）电镀技术

电镀技术是一种用电化学方法在基体（金属或非金属）表面沉积金属或金属化处理的技术，它能使均匀溶解在溶液中的金属离子有序地在溶液（镀液）和基体接触表面获得电子，还原成金属原子并沉积在基体表面，形成宏观金属层——镀层。

（2）化学镀技术

化学镀技术是一种无电镀覆镀的新方法，其本质是靠溶液中的还原剂使金属离子还原并沉积在零部件表面的过程。化学镀区别于电镀的主要特点是，形状复杂的工件可获得十分均匀的镀层，镀层致密、孔隙少、硬度高，可适用于金属、非金属、半导体等基体的镀覆。化学镀常用的溶液包括化学镀银、镀镍、镀铜、镀钴、镀镍磷液、镀镍磷硼液等。

（3）电刷镀技术

电刷镀技术采用专用的直流电源设备，电源的正极接刷镀笔作为刷镀时的阳极，电源的负极接工件，作为刷镀时的阴极，刷镀笔通常采用高纯细石墨块作为阳极材料，石墨块外面包裹棉花和耐磨的涤棉套。刷镀时，使浸镀液的刷镀笔以一定的相对速度在工件表面移动，并保持适当的压力。这样在刷镀笔与工件接触的那些部位，镀液中的金属离子在电场力的作用下扩散到工件表面，并在工件表面获得电子被还原成金属原子，这些金属原子沉积结晶形成镀层。

（4）电刷镀与其他表面技术的复合

热喷涂技术与电刷镀技术的复合，就是用热喷涂层迅速恢复尺寸，然后在喷涂层上刷镀，以提高表面光洁度和获得所需要的涂层性能。

电刷镀与钎焊技术的复合，即在一些难以钎焊的材料上镀铜、锡、银、金等镀层，然后再钎焊，解决难钎焊金属表面或两种性能差异很大的金属表面钎焊问题。

电刷镀与激光重熔技术复合，即某些情况下为提高刷镀的结合强度或为提高工件材料的表面性能，采用先刷镀金属镀层或合金镀层，再进行激光重熔。

电刷镀与激光微细处理技术复合，即在一些重要摩擦副表面镀工作层，然后再用激光器在镀层表面打出有规则的微凸体和微凹体，这些凸凹体不仅自身得到强化，而且还有良好的储油能力，从而提高了摩擦副的耐磨性。

电刷镀与粘涂技术复合，即对于一些大型零部件上的深度划伤、沟槽、压坑，在不便于堆焊、钎焊、喷涂的部位，可先用粘涂耐磨胶填补沟槽，待胶固化后，在胶上刷镀金属镀层，填补时可使用导电胶。

电刷镀与离子注入技术复合，即可进一步提高刷镀层的耐磨性，如在镍镀层、镍钨镀层、铜镀层上注入氮离子。

1.3.2.2　表面涂层再制造技术

热喷涂是采用一定形式的热源，将粉状、丝状或棒状喷涂材料加热至熔融或半熔融状态，同时用高速气流使其雾化，喷射在经过预处理的零部件表面，形成喷涂层的一种金属表面加工方法。

根据热源划分，热喷涂有4种基本方法：火焰喷涂、电弧喷涂、等离子喷涂和其他喷涂。火焰喷涂是以气体火焰为热源的热喷涂；电弧喷涂是以电弧为热源的热喷涂；等离子喷涂是以等离子弧为热源的热喷涂。根据喷射速度不同，热喷涂方法分为火焰喷涂、气体爆燃式喷涂（爆炸喷涂）及超声速火焰喷涂3种。

热喷涂技术既可用于修复，又可用于制造。性能优异的热涂层材料用其修复零部件，寿命不仅达到了新产品的要求，而且还能对产品质量起到改善作用，如耐磨、抗氧化、隔热、导电、绝缘、减摩、润滑、防腐蚀等功能。

（1）氧乙炔火焰喷涂技术

氧乙炔火焰喷涂技术是以氧乙炔火焰作为热源，将喷涂材料加热到熔化或半熔化状态，并高速喷射到经过预处理的基体表面，从而形成具有一定性能的涂层工艺。

（2）高速电弧喷涂技术

高速电弧喷涂技术是以电弧为热源，将熔融金属丝颗粒雾化，并以高速喷射到工件表面形成涂层的一种工艺。喷涂时，两根丝状喷涂材料经送丝机构均匀、连续地送进喷枪的两个导电嘴内，导电嘴分别接喷涂电源的正、负极，并保证两根丝材端部接触前的绝缘性。当两根丝材端部接触时，由于短路产生电弧，高压空气将电弧熔化的金属雾化成微熔滴，并将微熔滴加速喷射到工件表面，经冷却、沉积过程形成涂层，此项技术可赋予磨损的零部件表面优异的耐磨、防腐、防滑、耐高温等性能，在机电产品再制造中获得了广泛的应用。

（3）超声速等离子喷涂技术

超声速等离子喷涂技术是以等离子弧为热源的热喷涂工艺。等离子弧是一种高能密束热源，电弧在等离子喷涂枪中受到压缩、能量集中，其横截面的能量密度可提高到 $1 \times 10^5 \sim 1 \times 10^6$ W/cm²，弧柱中心温度可升高到 15 000 $\sim$ 3300 K。

1.3.2.3 表面覆层再制造技术

（1）焊接技术

焊接技术是通过加热或加压，或两者并用，并且用或不用填充材料，使焊件达到原子结合的方法。废旧产品及其零部件再制造过程中常用的焊接技术分为熔焊（弧焊、气焊）、压焊（电阻点焊）和钎焊。

1）弧焊技术

弧焊技术是将焊件接头加热至熔化状态，不加压完成焊接的方法。弧焊技术采用局部加热方法，使工件的焊接接头部位出现局部熔化，通常还需填充金属，共同构成熔池，经冷却结晶后，形成牢固的原子间结合，使分离的工件成为一体。弧焊适用于薄壁铸件，结构复杂、刚性较大、易产生裂纹的部件，以及对补焊区硬度、颜色、密封性、承受动载荷要求高的零部件的补焊。灰铸铁热焊能获得质量最佳的焊接接头，缺点是劳动条件恶劣、生产成本高、生产效率较低。

2）气焊技术

气焊技术利用点焊焊头对焊件表面进行局部加热使其熔化，之后再将熔化后的液体通过焊接零部件与焊接区域进行连接，整个过程中加入二氧化碳等保护气体，防止出现空气对焊接区域氧化腐蚀的现象，这样直到液体冷却，完成整个焊接过程。气焊技术不需要在焊接区域与焊件之间施加压力，只需要在焊件熔化后添加保护气体对整个液体和焊接区域进行保护，防止其出现氧化现象。气焊生产效率高，容易实现对焊接区域的塑形处理，且性价比较高（其售价相对于电阻焊接技术下降幅度较大），但是由于保护气体的存在，很多焊接区域存在不稳定现象，难以实现精确焊接。气焊技术主要用于结构比较复杂、焊后要求使用性能高、一些重要薄壁铸铁件的焊补，如汽车、拖拉机的发动机缸体、缸盖的焊补。其缺点是劳动条件恶劣、生产成本高、生产效率较低。

3）电阻点焊技术

电阻点焊技术是目前我国汽车制造过程中经常使用的一种焊接技术，这种焊接技术主要是将焊件装配成搭接接头，并压紧在两电极之间，在很短的时间内通过大电流（直流或交流电），利用电阻热熔化母材金属以形成焊点。电阻点焊技术能够极大地缓解阻焊技术中存在的能耗大问题，焊接效果受时间、电流及压力等因素的影响较大。

4）钎焊技术

钎焊技术采用比母材熔点低的金属材料作为钎料，将焊件和钎料加热到高于钎料熔点、低于母材熔点的温度，利用液态钎料润湿母材，填充接头间隙，并与母材相互扩散实现连接焊件的目的。钎焊分为软钎焊和硬钎焊。

（2）微脉冲冷焊技术

微脉冲冷焊技术是一种新型金属零部件表面修复技术，利用充电电容，在几秒的周期内以几十毫秒的时间放电。钨极与零部件基体接触区域会被瞬间加热，等离子化状态的修复材料将以冶金的方式熔覆到零部件的损伤部位。由于钨极放电时间与下一次放电间隔时间相比较短，修复区域的局部热量会通过零部件基体传导到外界，由于瞬间熔融，钨极顶端处的温度仍可以达到很高。修复材料瞬间生成金属熔滴，与基体金属结合在一起，同时由于等离子电弧的高温作用，基体表层内部就会产生顽固的元素扩散层，零部件修复后只需经过很少的后期处理，便可达到实用要求。该技术具有精密、经济、便捷等优点，可用于修复废旧发动机零部件表面的磨损、划伤、磕碰等缺陷。

（3）氧乙炔火焰粉末喷熔技术

喷熔是以气体火焰为热源，将喷涂材料（自熔性合金粉末）通过特殊工艺重熔喷涂涂层的方法。氧乙炔火焰粉末喷涂技术的原理是以氧乙炔火焰为热源，把自熔剂合金粉末喷涂在经过制备的工件表面，在工件不熔化的情况下加热涂层，使其熔融并润湿工件，通过液态合金与固态工件表面的相互融解与扩散，形成一层冷金并具有特殊性能的表面熔覆层。重熔过程的目的是得到无气孔、无氧化物、与工件表面结合强度高的涂层。

（4）激光再制造技术

激光再制造技术是指应用激光束对废旧零部件进行再制造处理的各种激光技术的统称。按激光束对零部件材料作用结果的不同，激光再制造技术主要可分为两大类，即激光表面改性技术和激光加工成形技术，其技术分类如图1-6所示。

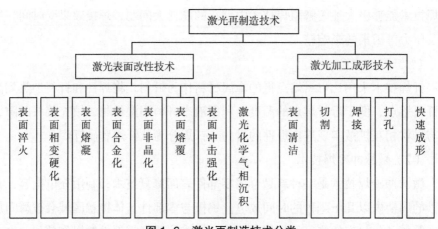

图1-6　激光再制造技术分类

激光熔覆技术是激光表面改性技术中的一种，在激光表面改性技术中其功率密度分布区间为 $1 \times 10^4 \sim 1 \times 10^6\ \mathrm{W/cm^2}$，介于激光淬火和激光合金化之间。它是利用高能激光束在金属基体上熔化被覆材料而形成一层厚度很小的金属层，该熔覆层具有较低的稀释率、较少的气孔、裂纹缺陷及与基体形成优异的冶金结合。

1.3.2.4　表面改性再制造技术

表面改性再制造技术是指采用机械、物理或者化学工艺方法，改变材料表面和亚表面层的成分、结构和性能，达到改善表面性能的目的，不附加膜层，也不改变零部件宏观尺寸的技术，是产品表面工程技术和再制造工程的重要组成部分。表面改性再制造处理后，既能发挥零部件基体材料的力学性能，又能提升基体材料表面性能，是零部件表面获得各种特殊性能（如耐磨损、耐腐蚀、耐高温，以及合适的射线吸收、辐射和反射能力）的重要手段。

表面改性再制造技术主要包括表面强化、表面化学热处理、气相沉积技术和高能束表面处理等技术。

（1）表面强化技术

1）传统零部件表面强化技术

① 渗碳。渗碳的目的是在渗碳零部件的表面形成高碳马氏体或高碳马氏体＋细粒状碳化物组织，从而使零部件表层的硬度、强度，尤其是耐磨和抗疲劳性能得以明显提高，并且心部保持一定的强度和韧性，具有很好的综合力学性能。渗碳表面强化技术已经在交变载荷、冲击载荷、较大接触应力和严重磨损条件下工作的汽车齿轮、活塞环、链条和凸轮轴等零部件表面上得到广泛应用。

② 渗氮。渗氮是在零部件表面渗入氮元素的一种化学热处理工艺。零部件经过渗氮处理后其表面硬度、疲劳强度、腐蚀性能及耐磨性能得以显著提高。常用的渗氮处理技术有气体渗氮和离子渗氮，离子渗氮技术已经在零部件上得到广泛应用。

③ 表面淬火。表面淬火是将零部件的表层快速加热，使大部分热量尚未传到零部件内部表层温度就已达到淬火温度，并进行淬火，以使零部件获得预定淬火组织的工艺。其主要目的是使零部件表面获得良好的耐磨性和高硬度，能够使心部具有足够的韧性与强度，并提高零部件的疲劳强度，其中双频感应＋热淬火工艺已经在汽车齿轮上成熟应用。

2）新型零部件表面强化技术

① 表面形变强化。表面形变强化通过喷丸、挤压或滚压零部件的表面，使其产生塑性变形和加工硬化，从而引起表层显微组织的变化，并改善零部件的疲劳强度、耐磨性和耐腐蚀性，进一步提高零部件使用的可靠性和耐久性，其中喷丸强化工艺应用最为普遍。

② 高能束流表面强化。高能束流表面强化是采用激光束、电子束、离子束 3 类高能束流对金属零部件表面进行强化，使其具有耐磨、耐腐蚀及耐高温的性能，其中采用激光相变硬化技术对汽车变速器、气缸、气门导管、气门座圈、发动机轴承、活塞环、凸轮轴、曲轴气门杆锁夹等零部件表面强化处理的应用较多。

③ 电子束表面淬火。电子束表面淬火就是利用高能电子流轰击工件表面，工件表面升温并发生相变，然后自激冷却实现马氏体相变。电子束表面淬火加热和冷却速度很快，使得表面马氏体组织显著细化，硬度提高，同时表层输入能量会对硬化层深度产生明显影响。

3）传统和新型结合的零部件表面复合强化技术

① 传统与传统的零部件表面复合强化技术。传统的表面复合强化技术有渗氮（氮碳共渗）+ 淬火、渗氮 + 感应淬火等，已经被成熟应用于低碳钢和低合金钢制成的汽车齿轮、轴承等零部件。强化时先对其表面进行渗碳处理，提高零部件表面的硬度，随之进行低温碳氮共渗处理，使零部件心部具有较好的韧性，表层形成氮化层，零部件可以获得很好的抗腐蚀性，并且表面硬度基本不变。

② 新型与传统的零部件表面复合强化技术。优化的渗氮工艺与各种快速渗氮工艺相结合的复合强化技术、优化的渗氮工艺与表面纳米预处理结合，应用在如表面超声喷丸纳米化处理、电泳—电沉积 Ni—金刚石复合镀层，具有广阔的应用前景。

③ 新型与新型的零部件表面复合强化技术。热喷涂技术与喷丸技术相互结合的复合涂层技术可以改善摩擦副接触面的储油效果，增强零部件表面的油膜涂布能力，进而提高零部件的减摩润滑性能。

（2）典型的表面改性技术

1）盐浴渗氮技术

盐浴渗氮技术是一种金属零部件表面改性技术，具有高耐腐蚀、高耐磨、微变形的优点，如低温盐浴渗氮 + 盐浴氧化或低温盐浴氮碳共渗 + 盐浴氧化，该技术取代内燃机缸套镀硬铬工艺，提高了内燃机缸套的耐磨性。成都工具研究所经过长期的试验研究，成功研制出了成分独特的渗氮盐浴配方，该技术已经在国内汽车的曲轴、气门、凸轮轴、活塞环及气簧、活塞杆上得到应用，曲轴的抗疲劳强度可提高凸轮轴的表面硬度（可达 500 HV），气门的耐磨性比镀硬铬高 2 倍。

2）离子强化沉积技术

离子强化沉积技术是用离子注入方法进行零部件表面强化处理的技术。

当用离子束轰击零部件表面时，离子会穿透界面区，并促使相互混合，其作用机制是碰撞联级和慢速扩散相结合的快碰撞过程，离子强化沉积技术使涂层的结合强度增大，甚至在界面和基体之间形成一些新的产物，使涂层和基体成为一体。

3）低温离子渗硫技术

低温离子渗硫也叫辉光离子渗硫，是在传统渗硫技术的基础上，结合现代真空技术和等离子技术而形成的一种绿色高效的新型渗硫技术，其原理与离子渗氮相似。低温离子渗硫工艺的整个流程可以概括为工件的去油除锈、清洗、烘干、渗硫、检测及浸油六大步骤，其中渗硫是最核心的步骤。由于所选择的硫源不同，渗硫的工艺过程会有略微差异。以固体硫作为硫源，渗硫过程如下。将工件接阴极，炉壁接阳极，当真空度下降至 10 Pa 时，向炉内通入氨气（约 0.3 L/min），在阴阳极之间加 600 V 左右的高压直流电。氨气在高压作用下被电离成离子而向阴极运动，产生灰白色的辉光，而后又在阴极压降的作用下被加速，以一定的能量轰击钢铁工件表面，使其表面形成大量的晶体缺陷，待温度升高至 190～200 ℃时停止轰击，此时固体硫源被大量气化，弥漫于整个渗硫炉内并产生辉光放电，硫原子（离子）沿碳钢工件表面的晶界缺陷扩散，并与铁原子或离子结合生成 FeS，通过一定时间保温，最终形成一定厚度的渗硫层。

1.3.3　装配技术

再制造装配是按再制造产品规定的技术要求和精度，将再制造加工后性能合格的零部件、可直接使用的零部件及其他报废后更换的新零部件安装成组件、部件或再制造产品，并达到再制造产品所规定的精度和使用性能的工艺过程。再制造装配是产品再制造的重要环节，其工作的好坏对再制造产品的性能、加工效率和再制造成本等起着重要作用。

再制造装配中 3 类零部件（再制造零部件、直接利用的零部件、新零部件）装配成组件，或把零部件和组件装配成部件，以及把零部件、组件和部件装配成最终产品的过程，分别称为组装、部装和总装。再制造装配的工序是先组件和部件的装配，最后是产品的总装配。再制造装配的两个基本要求是做好充分周密的准备工作及正确选择与遵守装配工艺规程。再制造企业的生产纲领决定了再制造生产类型,并对应不同的再制造装配组织形式、装配方法和工艺产品等。

1.3.4　机械加工技术

机械加工是再制造工程中最常用的方法,既可作为独立的手段直接对废旧零部件进行加工,也可与其他再制造技术(如焊接、电镀、喷涂等)配合作为再制造机械加工成形的方法。再制造机械加工的对象是废旧或经过表面处理的零部件,失效零部件的失效形式和加工表面多样,一般加工余量小,原有的定位基准多已破坏,给装夹定位带来困难;另外,待加工表面性能已定,一般不能用工序来调整,只能以加工方法来适应它,给组织生产带来困难。机械加工的目的是通过加工完成再制造构件应有的尺寸公差与配合及性能要求。

国外再制造方式多采用机械加工为主的尺寸修理法和换件法,即通过车削、磨削等方式对磨损量超差的零部件进行机械加工,恢复零部件的尺寸公差与配合要求,但是无法达到产品原设计时的尺寸要求。对于无法再制造的易损件则通过更换新件来保证再制造产品的质量。尺寸修理法和换件法,一方面限制了废旧零部件利用率的提高;另一方面也会从总体上影响产品零部件的互换性,无法满足原设计尺寸要求,也不能提升易磨损零部件表面的性能。

国内再制造技术中,大量运用了表面工程技术,针对磨损后尺寸超差的零部件,为了达到尺寸恢复或性能强化的目的,在磨损表面采用喷涂、电刷镀、堆焊、激光熔覆等方法,使其具有一层再制造的耐磨涂层,然后对该涂层再进行切削加工,恢复零部件的原始尺寸、精度和表面粗糙度等。再制造涂层的切削加工方法应用最广泛的是磨削和车削。此外,还有铣削和刨削等。

再制造涂层的加工方法主要有车削加工、磨削加工和特种加工。

1.3.4.1　车削加工

再制造构件通过不同的表面工程技术获得恢复层,从而修复零部件的表面尺寸,由于采用的材料和工艺不同,恢复层的材质、厚度、表面硬化及层内组织各不相同,恢复层的硬度和耐磨性显著提升,对其进行切削加工时,产生的振动与冲击较大,修复层的切削加工性较差。针对不同的恢复层材质和切削工艺要求,应选择与之匹配的切削刀具,如堆焊层的粗加工可选用硬质合金 YG8、YT5、YC201 等，精加工可选用硬度较高、耐磨性较好的硬质合金 YT15、TW3、YM201 等。热喷涂层的最大特点就是具有高的硬度和高的耐磨性，其硬度可达 50 ～ 70 HRC，当进行切削加工时，刀具材料应具有高的硬度、高的耐磨性、足够强的抗弯强度与韧性。

1.3.4.2　磨削加工

磨削适用于难加工热喷涂层构件的精加工，如外圆、内圆、平面及各种成形表面（齿轮、螺纹、花键等），与其他难加工材料相比，涂层磨削加工的生产效率较低，磨削精度可达 IT6 ～ IT5 级，表面粗糙度值可达 0.80 ～ 0.20 μm。但是磨削加工时，磨削砂轮容易迅速变钝而失去切削能力，大的径向分力会引起加工过程的振动，以及磨削热容易烧伤表面使加工表面产生裂纹等，影响切削加工表面质量及生产效率的提高。磨削用砂轮主要有人造金刚石砂轮、绿色碳化硅砂轮。

1.3.4.3　特种加工

近年来出现了一些先进的特种加工技术，如电解磨削、超声振动车削、磁力研磨抛光等。电解磨削是利用电解液对被加工金属的电化学作用和导电砂轮对加工表面的机械磨削作用，达到去除金属表面层的一种方法。电解磨削热喷涂层具有生产率高、加工质量好、经济性好、适用性强、加工范围广等特点，是一种新的加工热喷涂层的方法。超声振动车削是使车刀沿切削速度方向产生超声高频振动进行车削的一种加工方法。它与普通车削的根本区别在于，超声振动车削刀刃与被切金属形成分离切削，即刀具在每一次振动中仅以极短的时间完成一次切削与分离；而普通车削的刀刃与被切金属则是连续切削的，刀刃与被切金属没有分离。磁力研磨抛光是将磁性研磨材料放入磁场中，磨料在磁场力作用下沿磁力线排列成磁力刷，将工件置于 N 和 S 磁极中间，使工件相对于两极均保持一定的间隙，当工件相对于磁极转动时，磁性磨料将对工件表面进行研磨。

1.3.5　绿色评估

再制造生产过程中，质量控制使反映装备质量特性的那些指标在再制造生产过程中得以保持，减少因再制造设计决策、选择不同的再制造方案、使用不同的再制造设备、不同的操作人员及不同的再制造工艺等而产生变异，并尽可能早地发现和消除这些变异，减少变异的数量，提高再制造产品的质量，实现资源的最佳化循环利用。

1.3.5.1　无损检测

无损检测是在不损伤被检测对象的条件下，利用再制造毛坯材料内部结构异常或缺陷所引起的对热、声、光、电、磁等反应的物理量变化，来探测废旧零部件、结构件和各种材料等内部和表面缺陷，并对缺陷的类型、性质、数量、形状、位置、尺寸、分布及其变化做出判断和评价。因这类方法不会对毛坯本体造成破坏、分离和损伤，是先进高效的再制造检测方法，也是提高再制造毛坯质量检测精度和科学性的前沿手段。目前再制造行业常用的无损检测方法有渗透检测技术、磁粉检测技术、超声波检测技术、涡流检测技术、磁记忆检测技术、射线检测技术等。实际生产中，一般采用多种无损检测技术，以达到全面评价零部件质量的目的。对于零部件内部微裂纹采用较多的是超声波检测技术、射线检测技术；对于零件表面缺陷采用的方法主要是磁粉检测技术、涡流检测技术、渗透检测技术；磁记忆检测技术则主要用于零部件内部应力分布情况测试。

1.3.5.2　旧件剩余寿命评估技术

再制造性评价主要针对再制造前的废旧产品，评价其使用再制造性，从而确定被评价对象能否进行再制造。再制造性的评价对象包括产品和零部件。目前对退役产品的评价主要是根据技术、经济及环境等因素进行综合评价，以确定其再制造性量值，定量确定退役产品的再制造能力。废旧产品报废按照不同的退役原因（如产生不能修复的故障，使用中费效比高、性能落后、不符合环保标准，款式不符合市场需求等），可以分为故障报废、经济报废、功能报废、环境报废和喜好报废。

1.3.6　新兴技术

随着电子、信息等高新技术的不断发展，个性化与多样化的市场需求，未来先进制造技术会朝着精密化、柔性化、网络化、虚拟化、智能化、清洁化、集成化、全球化的方向发展。为了保证再制造产品的性能与质量更好地满足市场需求，越来越多的新技术应用于再制造工程中。

1.3.6.1　虚拟再制造技术

随着再制造工程和虚拟现实技术的发展，利用计算机构建虚拟的再制造系统模型实现再制造过程，就产生了虚拟再制造技术，它是将虚拟现实技术运用到再制造领域，用以提升再制造工程的技术水平。该技术采用计算机仿真与虚拟现实技术，在计算机上实现再制造过程中的虚拟检测、虚拟加工、虚拟维修、虚拟装配、虚拟控制、虚拟实验、虚拟管理等再制造本质过程，以增强对再制造过程各级决策与控制能力。虚拟再制造在计算机上的仿真强调的是整个再制造产品全生命周期精确和有效的仿真，通过对再制造产品的仿真，在真实产品实现前就能对产品的各种性能进行有效评估，通过对再制造过程的仿真，实现产品再制造性能的校验，优化再制造商业流程。

1.3.6.2　智能自修复技术

智能自修复技术是指机械零部件在使用过程中能够自行感知环境变化，能够对自身的失效、故障等以一种优化的方式做出响应，不断调整自身的内部结构，通过自生长或原位反应等再生机制实现自愈、修复某些局部破损，最终达到预防和减少故障，实现装备高效、长寿命、高可靠性的要求，取得提高机械效率、减少能源和材料消耗的效果。

智能自修复技术的研究内容主要有智能仿生自修复控制系统、智能自修复控制理论、装备故障自愈技术等。智能自修复材料方面已发现能感知环境和自身变化，对材料腐蚀、劣化有自修复特性的聚合物复合材料，并将类似生物细胞微结构的单元（如微胶囊）融入机械装备的材料设计和制造中，如"一种矿石粉体润滑组合物"（粒度不大于 10 μm）的修复材料，添加到油品和润滑脂中使用，修复材料的主要成分为蛇纹石及少量的添加剂和催化剂，修复材料不与油品发生化学反应，不改变油品的黏度和性质，使用中无毒副反应，对环境和人体无害。

1.3.6.3　在役再制造技术

在役再制造技术是以设备健康能效监测诊断理论为指导，以提升机电设备健康能效和智能化水平为目标，以再制造后的设备更适应生产需求、运行高效节能可靠为准则，以绿色制造、可靠性管理、故障预测与健康管理、故障自愈化等先进技术为再设计手段，进行在役机电设备改造的一系列技术措施或工程活动的总称。针对运行可靠性差、效率低、智能化低、自适应调控性较差的机电设备进行健康能效监测和诊断，有的放矢地进行个性化再设计，使设备与过程比原设计更匹配并提升绿色化和智能化水平，是在役再制造的显著特征。

1.3.6.4 增材再制造技术

增材再制造技术是利用增材制造技术对废旧机电产品进行增材修复的工艺过程。具体来说，就是通过对缺损零部件进行反求建模、成型分层、路径规划，并采用智能控制软件和适当的激光、电弧、等离子等载能束增材工艺逐层堆积，最终实现损伤零部件的尺寸恢复与性能提升。

美国军队一直是增材制造技术应用的先行者，也是目前世界上最大的再制造受益者。AeroMet 公司早在 2000 年就采用激光成形增材制造技术对军用直升机上破损的钛合金构件进行再制造修复。通用电气公司在新加坡建立的航空发动机叶片维修工厂，每年用激光熔覆增材制造技术修复的航空发动机叶片高达上万个，由此带来的经济效益相当可观。

虽然增材制造技术在中国起步较晚，但增材制造技术在装备零部件维修保障上的优势一开始就受到各方面的重视。目前国内在装备零部件增材再制造修复的研究与应用上已经取得了一系列成就，包括中国科学院沈阳自动化研究所快速成型实验室、海军航空工程学院青岛分院、装甲兵学院、西北工业大学、合肥工业大学、中航重机及南风股份等机构和企业，都在进行增材再制造相关技术的研究和应用工作。

1.4 机械产品绿色（再）制造产业链分析

机械产品绿色（再）制造产业链总体上包括上游的废旧物品回收、中游的绿色（再）制造、下游的绿色（再）制造产品营销，具体如图 1-7 所示。

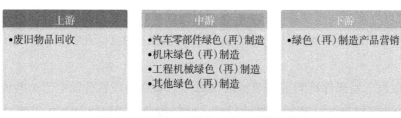

图 1-7　机械产品绿色（再）制造产业链

1.4.1　逆向物流

逆向物流（Reverse Logistics），又称反向物流。自 2021 年 12 月 1 日起正式实施的《物流术语》（GB/T 18354-2021）中，逆向物流的定义为"为恢复物品价值、循环利用或合理处置，对原材料、零部件、在制品及产成品从供应链下游节点向上游节点反向流动，或按特定的渠道或方式归集到指定地点所进行的物流活动"。

逆向物流的定义有狭义和广义之分。狭义的逆向物流是指对那些由于环境问题或产品已过时的产品、零部件或物料进行回收的过程。它是将废弃物中有再利用价值的部分加以分拣、加工、分解，使其成为有用的资源重新进入生产和消费领域。广义的逆向物流除了包含狭义的逆向物流的定义之外，还包括废弃物物流的内容，其最终目标是减少资源使用，并通过减少使用资源达到废弃物减少的目标，同时使正向及回收的物流更有效率，即广义的逆向物流包括回收物流和废弃物物流。

回收物流（Returned Logistics）是指不合格物品的返修、退货，以及周转使用的包装容器从需方返回供方所形成的物品实体流动。例如，回收用于运输的托盘和集装箱、接受客户的退货、收集容器、原材料边角料与零部件加工中的缺陷再制品的销售等。

1.4.2　汽车零部件绿色（再）制造

从广义上讲，汽车零部件再制造不仅是设备、系统、设施的再制造，也可以是汽车零部件本身的再制造，再制造既包括硬件，又包括软件。

从狭义上讲，汽车零部件再制造主要是对达到物理寿命和经济寿命而报废的产品进行零部件再制造加工，以及对过时产品在性能方面进行升级。

汽车零部件再制造是一种产业可持续发展的生产方式，具有以下 5 个特点。

① 汽车零部件再制造是对被回收的汽车零部件产品进行生产和再利用，可减少直接报废的汽车零部件的数量，减轻废弃物对环境和人体健康造成的伤害。

② 汽车零部件再制造加工所需要的毛坯和原材料都来自报废汽车零部件产品，是对废弃物的循环再利用，避免或减少了对新资源的消耗。

③ 汽车零部件再制造过程是对废旧汽车零部件进行修复，与新产品加工的生产过程相比更加环保、更加清洁，减少了产品生产过程中的二次污染。

④ 汽车零部件再制造的目的是再次获得产品的使用价值，不仅在内在恢复废旧产品的使用功能，外观上也如同新品一样，使零部件产品像"新"的一样，延长了零部件产品的使用寿命。

⑤ 汽车零部件再制造工程是一个技术创新的过程，通过再制造，被磨损和报废的耐用汽车零部件产品被恢复到同新产品一样的状态。

1.4.3 工程机械绿色（再）制造

我国是工程机械制造及使用大国，据中国工程机械工业协会统计，截至 2013 年年底，我国工程机械主要产品保有量为 611 万～ 662 万台。按照工程设备的生命周期，到 2020 年，每年报废的工程机械已经高达 120 万台，这为工程机械再制造产业提供了充足的再制造资源。以液压挖掘机为例，2015—2020 年，每年淘汰 10 万～ 15 万台，如果有 10% 进入再制造，那么，每年液压挖掘机的再制造量将达到 1.0 万～ 1.5 万台，不包含进入流通领域市场的进口二手液压挖掘机为再制造带来的需求。以装载机为例，每年淘汰 12 万～ 16 万台，如果有 10% 进入再制造，那么每年装载机的再制造量将达到 1.0 万～ 1.6 万台。

伴随着国内工程机械销量、保有量的大幅增长，寻找一种可持续的生产和消费模式，对于推进工程机械行业节能降耗、减排至关重要，所以说发展再制造产业是可持续发展战略的必然要求，也是发展绿色经济的具体实现方式。

工程机械产业发展的进程为再制造的发展提供了土壤，包括工程机械保有量快速增长、产业转型和升级的迫切需求、企业对经营模式创新的强烈意愿等。再制造产品良好的性价比优势注定将会得到后市场的青睐，工程机械再制造能否同工程机械后市场有机结合成为行业企业共同关注的重点。

政府政策的引导和推动是工程机械再制造产业快速启动的主要因素。在政府政策的推动下，国内企业通过对国外企业再制造业务的研究和分析，发现了与国际先进企业的差距及再制造业务蕴含的发展契机。再制造业务的发展与产业发展的阶段、市场进化程度密切相关，目前我国工程机械产业和市场发展程度已经为再制造业务的发展提供了可能；特别是在我国经济经过多年快速发展，经济结构由粗放型向集约型转变、能源和资源日益紧迫的形势下，再制造无疑将为工程机械产业转型和升级提供一个很好的机会。为此，很多工程机械企业已经将再制造和相关业务提升至企业战略高度，给予高度重视，并参照国际先进企业再制造的经验和模式结合企业具体情况制定实施策略。

盾构机属于庞大的工程机械，包含的部件和技术领域较多，盾构机的使用寿命主要是指主驱动大轴承、行星减速机和电机、主要液压部件的使用寿命，基本均按照 10 000 h 设计，正好对应掘进约 10 km 的行程，部分部件还需要报废、更换或维修，所以盾构机再制造并不是所有部件都进行再制造。由于盾构机本身的特殊性，将整机再制造和部件再制造明确区别开来是没有必要的，只要符合再制造后的盾构机寿命比以前长、技术比以前优异就说明是合格的，符合我国对再制造的定义。

1.4.4　机床绿色（再）制造

机床行业属于典型的机械装备制造业，具备以下 3 个特点。

① 机床产品结构复杂，其产品技术特性和工艺过程随市场变化而变化。大部分客户都有个性化要求，导致机床企业的产品很大部分都是定制开发和生产的，无法实现产品批量生产。机床在生产加工过程中，虽然都需要经过毛坯粗加工、精加工、部件装配、电气配线、电气调试和整机装配等工艺过程，但各个产品之间的制造工艺和工序都存在较大差别。

② 机床行业生产方式既包括标准机型的批量生产，还包括单件、小批量

的个性化订单生产。再制造模式不仅需要支持多品种、不同批量的生产类型，还需要支持单件生产类型、库存备货式生产及项目型个性化生产模式。

③机床产品的生产周期长，周期短的两三个月，长的达半年甚至更长时间。机床产品部件加工工艺复杂，关键物料的采购周期长，再加上个性化要求多，生产过程难以控制，导致生产过程中变动频繁，生产计划难以控制。

传统的机床设计理念是，只有足够的刚度才能保证加工精度，提高刚度就必须增加机床重量。因此，现有机床重量的 80% 用于保证机床的刚度，而只有 20% 用于满足机床运动学的需要。这不仅浪费原材料，而且增加机床使用过程中所耗能量。传统机床在设计过程中一般只考虑机床的使用性能，即加工范围、加工精度、功能、稳定性等方面，没有或很少涉及机床在制造和使用过程中的资源消耗情况及其对环境的影响。

我国机床制造业的快速发展，是以巨大的资源消耗和严重的环境影响为代价的，几乎没有考虑机床产品在生产、使用过程中及报废后对环境造成的危害，特别是使用过程中切削油消耗大、油雾和油污污染严重、漏油混油现象严重，对生态环境和人类危害很大。

1.5　全球产业发展分析

1.5.1　全球市场概况

以再制造产品为代表的造新成果非常显著，增长潜力也十分巨大。其中，汽车和航空两个领域是行业的领头羊。欧洲汽车再制造潜力巨大，2016 年年销量达 3000 万件（套），年销售额达 120 亿欧元。全球汽车再制造产业是欧洲的 4 ~ 5 倍，尽管只有欧洲和北美的数据较为可靠，但再制造专家们也给出了一些不同的估算数据，所以要比较准确地估算出全球再制造数量还是有一定难度的。对于航空再制造来说，在立法和市场上都比汽车行业更为规范且灰色交易更少。

根据美国贸易代表署发表的关于整个美国再制造产业的数据：汽车和重型 / 非道路用车辆 35%、航天 30%、机械 13%、IT 产品 6%、医疗器械 4%、其他 12%。

根据统计，2016 年全球航空再制造交易额为 492 亿美元，其中美国有 190 亿美元，欧洲也差不多有这么大的交易量。而其他行业，如消费品、医疗设备、家用电器等则仍处于探索阶段。根据部分已知数据，大致可以推算再制造业各地活动营业额，进而看出全球市场概况，如表 1-3 所示。

表 1-3　2016 全球再制造业活动营业额估算

单位：亿美元

领域	美国	欧盟	其他地区	日本
航空航天	190	200	70	32
HODA 设备	78	55	27	7.9
汽车配件	220	145	84	24.5
机械设备	82	11	17	1.5
IT 产业	27	69	19	10
医疗器械	15	7.6	4.5	1.1
翻新轮胎	14	4.4	3.6	0.64
其他	46	67	23	9.6
总计	672	559	248.1	87.24

1.5.2　全球产业转移趋势

全球范围内出现过 4 次大规模的制造业迁移，而创新因素是推动制造业大迁移的重要动力。当前，制造业升级和迁移面临的最大现实是全要素生产率的下降。4 次制造业迁移，具体如下。

第 1 次在 1920 年，英国将部分"过剩产能"向美国转移。

第 2 次在第二次世界大战以后，美国将钢铁、纺织等传统产业向日本、德国这些战败国转移。

第 3 次在 20 世纪 60—70 年代，日本、德国向亚洲"四小龙"和部分拉美国家转移轻工、纺织等劳动密集型加工产业。

第 4 次在 1990 年，欧美日等发达国家和亚洲"四小龙"等新兴工业化国家，把劳动密集型产业和低技术高消耗产业向发展中国家转移，中国依靠完善的制度体系，逐渐成为第 4 次世界产业转移的最大承接地和受益者。伴随着全球制造业产业的转移，再制造产业也随之发生转移，但美国依然是全球最大的再制造产业市场，再制造产业总值占据全球产业总值的 50% 左右。

1.5.3　全球产业优势国家发展分析

全球制造业经过 70 多年的发展，以美国、日本和德国为代表的起步较早的工业化国家已经建立了非常成熟的产业链，拥有上百项核心专利技术，并且已经形成了规模化生产。目前主流的 3 种发展模式为：市场主导模式（美国）、企业主导模式（德国）、政府主导模式（日本）。

1.5.3.1　美国产业发展

早在 20 世纪 90 年代，美国就建立了 3 R 体系，即 Reuse（再利用）、Remanufacture（再制造）、Recycle（再循环）。

美国再制造产业已有 100 多年的历史，目前已经发展成熟，为美国经济、就业做出了重要贡献，尤其是汽车产品再制造。第二次世界大战时期，美军大量车辆用于作战，损坏率非常高，汽车制造和配件生产厂为满足战争需求而转产军品，致使美国汽车零部件供应严重不足，许多车辆因为配件缺乏而无法继续使用。这迫使一些汽车修理商不得不拆下报废汽车的零部件修理后继续使用，从而逐步发展形成汽车零部件再制造产业。第二次世界大战结束后，得益于旧件的收集和再制造产品的加工，零部件再制造企业才得以生存和快速发展。据此，美国的再制造产业从国防起步，逐渐发展转到民用，丰厚的利润和社会效益成为再制造产业快速发展的原动力。美国政府宽松的财税政策和法律是推动再制造产业发展的另一重要因素，1989 年美国通过《再制造法案》，极大地推动了美国再制造产业的发展。

如图 1-8 所示，1996 年，美国再制造产业总值达 430 亿美元，雇员达 48 万人。其中，汽车再制造业公司总数为 337 571 个，年产业总值为 160 亿美元，总雇员为 337 571 人。截至 2016 年，产业总值达 670 亿美元，其中汽车再制造产业占据 35% 左右，再制造企业有近 7.5 万家，从业人数约 50 万人。

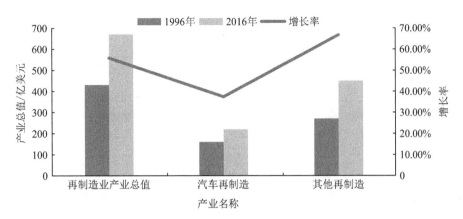

图 1-8　美国再制造产业发展情况

1.5.3.2　欧洲产业发展

欧洲通过了有利于再制造工程的相关法律和法规，近年来，欧盟通过发布法律指令，推动了欧盟再制造的发展。这些发达国家的再制造产业经过多年发展，已经渗入汽车、工程机械、航空、医疗设备等众多领域。

2015 年，欧盟颁布了《循环经济行动计划》，肯定了再制造在欧洲循环经济发展中的重要作用。德国是欧洲主要国家中再制造产业发展成熟的典型代表，其再制造产业涉及汽车零部件、工程机械、机床、铁路机车、电子电器、医疗器械等多个领域。德国再制造产业绝大多数为大型企业控制，工艺水平高，再制造产品质量好，整体效率和质量保证更加完善，有利于产业结构的优化组合。

根据 APRA 欧洲分会主席费尔南德威兰先生推算，欧洲 2016 年汽车和重型 / 非道路用车辆再制造销售额为 105 亿欧元左右，再制造产业总值达 300 亿欧元，预计到 2024 年年底，欧洲的汽车零部件回收市场将从 3500 万台跃升至 5600 多万台。对于发动机和变速箱部件的回收需求"在欧洲相当高，预计这种强劲势头将会持续"。涡轮增压器、变速离合器、制动卡钳和方向盘的再制造"将以不低于 7.8% 的年均增长率"显示其收入的急剧增长。预计到 2025 年，欧洲各国将再制造超过 2300 万辆客车的零部件，市场前景广阔。英法德再制造业发展情况，如表 1-4 所示。

表 1-4 英法德再制造业发展情况

国家	产业发展状况
法国	在"工业振兴新计划"中提出 6 年工业增长 25% 的目标；改善制造业对外贸易平衡格局；维持或增加制造业的就业水平
英国	"英国工业 2050 计划"于 2012 年 1 月启动，2013 年 10 月形成最终报告《制造业的未来：英国面临的机遇与挑战》。报告认为制造业并不是传统意义上"制造之后进行销售"，而是"服务加再制造（以生产为中心的价值链）"
德国	截至 2016 年年底，德国在汽车零部件再制造领域已占有 30% 左右的欧洲市场，将在未来 7 年内进一步巩固其在欧洲汽车零部件再制造市场的主导地位，预计到 2024 年，该数字将增加近 40%

1.5.3.3 日本产业发展

日本建立了关于环境保护的 3 R 体系，即 Reduce（减量化）、Recycle（再循环）、Reuse（再利用）。日本政府部门通过完善法律规定，统筹和规范再制造企业的生产、销售、回收等各个环节。

1970 年，日本颁布了《废弃物处理法》，旨在促进报废汽车、家用机器等的循环利用，对非法抛弃有用废旧物采取罚款、征税等惩戒措施。

1991 年，日本国会修正了《废弃物处理法》，并通过了《资源有效利用促进法》，确定了报废汽车、家用电器等的循环利用需进行基准判断、事前评估信息提供等。

2000 年，日本颁布了《循环型社会形成推进基本法》，同时提出了"循环型社会"的构想，构想的最终目标是实现全面地节约资源和保护环境，又称为"行动"。为了切实开展"行动"，实现"循环型社会"的构想，日本制定了多部相关法律，如《绿色购买法》、《建设再生法》、《食品再生法》和《家用电器再生法》等。通过这些法律可以规范政府、企业和国民的"行动"标准，在整个社会建立起遏止废弃物的大量产生、推动资源的再利用、防止随意投弃废弃物的管理和约束体制。

日本在 20 世纪末期加强了对工程机械的再制造，再制造工程机械中 58% 由日本国内用户使用，34% 出口到国外，其余的 8% 拆解后作为配件出售。

2002 年，日本国会审议通过了《汽车回收再利用法》，引导汽车用户将废旧汽车零部件交由再制造汽车企业，并对汽车再制造行业加强监管力度。

2005 年 1 月，《汽车再生利用法》开始实施。

2011 年 5 月，翻新件的普及利用与相关的"质保标准""质量标准"的小册子开始广泛发行。

随着一系列的政策刺激，日本再制造行业已颇具规模，在生活中经常可以碰到含有再制造零部件的产品，大到汽车小到手机。日本人对再制造产品并不排斥，而且在很多情况下，再制造成了环保的代称。在日本，再制造是一个很有前途的新兴产业，废旧产品零部件经过再制造循环利用可以减少二氧化碳的排放，可以节约资源，保护环境。

1.5.4　全球典型跨国企业

卡特彼勒是全球最大、技术实力最强的再制造巨头，其再制造公司在北美、欧洲及亚太的 8 个国家有 19 家工厂、160 条生产线、近 4000 名员工。卡特彼勒再制造业务发展历程如表 1-5 所示。

表 1-5　卡特彼勒再制造业务发展历程

时间	20 世纪 70 年代	20 世纪 80 年代	20 世纪 90 年代	21 世纪初
阶段	开始涉足	技术支撑，政策护航	创新实现共赢	并构建厂，规划布局
内容	最初只是为了解决内部维修管理中的问题	已有积淀技术提供支持，政府提供政策支持合理认定再制造产品	增加产品回收、检测和再处理的过程，创造"闭环供应链"	对 Progress Rail 等并购，在美英中等国建立近 20 个再制造工厂

在成熟的市场中，工程机械巨头企业卡特彼勒在全球范围内售出的零部件有 20% 是再制造的零部件。2012 年，公司全球再制造业务销售收入达 40 亿美元，近 10 年来卡特彼勒公司再制造业务收入增长了 4 倍。2005 年，卡特彼勒率先在上海临港成立了卡特彼勒再制造工业（上海）有限公司，有 100 余名员工，在华年销售额超过 2000 万元。此后陆续以投资等方式进行产业布局。

卡特彼勒物流服务公司有员工 8100 人，在 25 个国家拥有 90 个设施，货物运抵全球 200 多个国家，拥有超过 200 万平方米的仓库；每年满足 8400 万个订单项目、每年货运总量达 50 亿千克、每年承运货物总值超过 160 亿美元、每年运费支出超过 7 亿美元、每年处理超过 1800 万种配件，成为卡特彼勒公司利润新的增长点。

沃尔沃公司在全球有 8 家再制造工厂，年生产的再制造产品数量超过 120 万件。2013 年年底，沃尔沃在中国成立了第一家再制造中心。沃尔沃中国再制造中心依托沃尔沃集团超过 70 年的再制造经验，借鉴已成功在全球各地运营的 9 家再制造工厂的成熟模式，所有出厂产品均须通过同新品一样严格的标准化测试，在生产中融入最新的技术改进，这些举措保障了再制造产品性能不仅能够达到新品性能，同时超过新品性能。沃尔沃再制造产品质保期与新件相同，且能即时交货。

除此之外，小松、凯斯等企业的再制造产业也已有 40 多年的发展历史，成为各自企业产值的主要板块之一。

1.6 国内产业发展分析

1.6.1 国内产业发展现状

2018 年 11 月，国家统计局发布了《战略性新兴产业分类（2018）》，再制造产业在战略性新兴产业——城乡生活垃圾与农林废弃资源利用设备制造中的再制造重点产品包括机床再制造、办公设备再制造、工程机械再制造和汽车零部件再制造等，如表 1-6 所示。

表 1-6 再制造产业分类

代码	战略性新兴产业分类名称	国民经济行业代码（2017）	国民经济行业名称	重点产品和服务
7.3.4	城市生活垃圾与农林废弃资源利用设备制造	3429*	其他金属加工机械制造	机床再制造
		3479*	其他文化、办公用机械制造	办公设备再制造
		3514*	建筑工程用机械制造	工程机械再制造
		3670*	汽车零部件及配件制造	汽车零部件再制造（包括电刷镀、激光熔覆、电沉积等当前的主流再制造技术）

由于建设资源节约型和环境友好型社会，顺应资源日益稀缺等环节要求，再制造产业由于其节能环保等特点受到国家一系列政策法规的大力支持。2019年 5 月，《报废机动车回收管理办法》消除了报废机动车零部件再制造的法律障碍，规定拆解的报废机动车发动机、方向机、变速器、前后桥、车架等"五大总成"具备再制造条件的，可以按照国家有关规定出售给具备再制造能力的企业予以循环利用。

再制造产业机床再制造方面，我国一直是世界最大的机床消费国和机床进口国，机床产量连续多年位居世界第一。在技术含量较高的金属切削机床方面，我国金属切削机床产量持续下降，2019 年下降为 41.6 万台（图 1-9）。随着技术含量较高的金属切削机床产量的明显下滑，旧机床的再制造业务蓬勃而起，机床制造企业越来越重视再制造领域的研究。

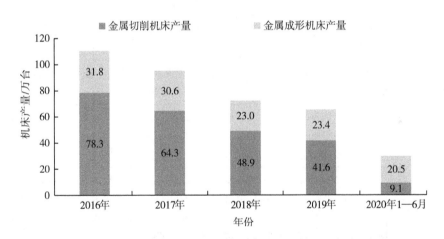

图 1-9　2016—2020 年 1—6 月国内金属切削机床与成形机床产量

我国机床保有量约为 800 万台，按照 3% 的年机床报废淘汰率进行计算，每年有二十四五万台机床进入再制造行列，约占每年生产新机床产量的一半。如果充分利用废旧机床的床身、立柱等铸件，并对其进行修复改造，可节约60% 的能耗、70% 的成本，降低污染物排放达 80% 以上，从而实现循环生产。

再制造产业工程机械再制造方面，随着基础建设的拉动，工程机械市场需求量在未来一段时间内还将持续走高，而高需求带来的是更多的二氧化碳排放。工程机械作为内燃机产品的第二大使用行业，虽然工作范围仅限于工地，但由于其密度大，排放情况又劣于汽车，对环境的污染更为严重，我国工程机械行业向低碳经济的转型呈不可逆转趋势。企业在工程机械再制造市场中也逐渐活跃，2019 年广西柳工机械股份有限公司（简称"柳工"）收购 CPMS 工程机械设备销售公司（简称"CPMS 公司"），CPMS 公司在柳工传统土方机械应用、拆除和设备租赁等许多业务发展中发挥了重要作用（表 1-7）。

表 1-7 2013—2019 年我国机械工程再制造企业主要投资事件

时间	事件
2019 年 4 月	广西柳工机械股份有限公司与英国 CPMS 公司签署股权收购协议，收购位于英国朴次茅斯的 CPMS 工程机械设备销售公司的全部业务
2019 年 1 月	山推工程机械股份有限公司买入济宁山推顺鑫易机械科技有限公司 100% 股权，总交易额为 1.28 亿元
2016 年 7 月	湖南省新邵县与湖南中旺工程机械设备有限公司就三一工程机械整机与零部件再制造项目进行签约，总投资达 9030 万元，用地面积达 50 亩
2013 年 9 月	工程机械领域龙头三一重工股份有限公司（简称"三一重工"）投资 1 亿元在宜宾建立机械再制造基地，项目于 2012 年年底开工。加上此前在乐山和泸州的项目，三一重工在川发展再制造产业的投资将接近 5 亿元
2013 年 8 月	济南柳工机械再制造首台挖掘机顺利下线，2012 年公司投入 5000 万元兴建了济南柳工再制造工业园，占地 80 亩，已建成办公及生活区 6000 平方米，厂房面积 20 000 平方米，涵盖了二手机评估，维修方案诊断与制定，零部件制造、维修、试验，整机维修、实验、再制造，以及配件供应、设备租赁、物流贸易等各项功能
2013 年 5 月	装备再制造技术国防科技重点实验室、燕山大学与徐工集团在徐工研究院科研中心成功签署三方产学研合作协议。根据协议，三方将在工程机械再制造领域展开深度合作，促进共同发展

再制造产业中汽车零部件再制造方面，汽车发电机、起动机再制造是通过对回收的废旧汽车发电机及起动机的拆解、表面处理、再加工、零部件检测、再装配、整机测试等工序完成再制造生产的全过程。根据商务部数据显示，

2014—2019 年我国报废汽车回收数量呈上升趋势。2019 年我国正规途径报废汽车回收数量仅 195 万辆，同比增长 16.8%，报废率不足 20%。这意味着汽车零部件再制造有较大市场（图 1-10）。

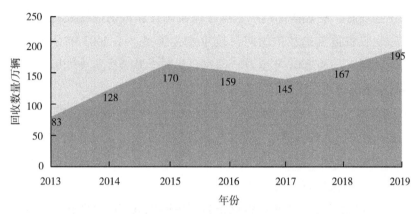

图 1-10　2013—2019 年中国报废汽车回收数量变化趋势

2021 年，国家发展改革委发布的《"十四五"循环经济发展规划》中提出，到 2025 年我国再制造业总产值达到 2000 亿元，而美国再制造产业总值目前已经达到 1000 亿美元左右，是中国的 3 ~ 4 倍，中国产业发展任重道远。

1.6.2　国内产业发展趋势历程

我国再制造产业发展经历了以下 3 个主要阶段。

1.6.2.1　第一阶段：再制造产业萌生阶段

自 20 世纪 90 年代初开始，我国相继出现了一些再制造企业，如中国重汽集团济南复强动力有限公司（中英合资）、上海大众汽车有限公司的动力再制造分厂（中德合资）等，分别在重型货车发动机、乘用车发动机、车用电机等领域开展再制造。产品均按外标准加工，质量符合再制造的要求。但是，为取缔汽车非法拼装市场，2001 年《报废汽车回收管理办法》（国务院令第 307 号）规定报废汽车"五大总成"一律回炉，切断了这些企业再制造毛坯来源，产量严重下滑。

1.6.2.2 第二阶段：学术研究、科研论证阶段

1999 年 6 月，中国工程院院士徐滨士在西安召开的"先进制造技术"国际会议上作了题为"表面工程与再制造技术"的特邀报告，在国内首次提出了"再制造"的概念。

2001 年 5 月，总装备部批准立项建设我国首家再制造领域的国家级重点实验室——装备再制造技术国防科技重点实验室，于 2003 年 6 月正式投入使用。2002 年 9 月及 2007 年 9 月，国家自然科学基金委员会先后批准了两项关于再制造基础理论与关键技术研究的重点项目。

自 2003 年 8 月起，国务院组织了 2000 多位科学家从国家需求、发展趋势、主要科技问题及目标等方面对"国家中长期科学和技术发展规划"进行了论证研究，其中第三专题"制造业发展科学问题研究"将"机械装备的自修复与再制造"列为 19 项关键技术之一。

2003 年 12 月，中国工程院咨询报告《废旧机电产品资源化》完成，研究结果表明，废旧机电产品资源化的基本途径是再利用、再制造和再循环，其目标是使再利用、再制造部分最大化，使再循环部分最小化，使安全处理的部分趋零化。

2006 年 12 月，中国工程院咨询报告《建设节约型社会战略研究》中，把机电产品回收利用与再制造列为建设节约型社会的 17 项重点工程之一。

1.6.2.3 第三阶段：人大颁布法律、政府全力推进阶段

2005 年，国务院颁发的 21 号、22 号文件均明确指出国家"支持废旧机电产品再制造"，并"组织相关绿色再制造技术及其创新能力的研发"。同年 11 月，国家发展改革委等六部委联合颁布了《关于组织开展循环经济试点（第一批）工作的通知》，其中再制造被列为 4 个重点领域之一，我国发动机再制造企业中国重汽集团济南复强动力有限公司被列为再制造重点领域中的试点单位。

2006 年，中国物资再生协会成立再制造专业委员会，这是中国第一个再制造行业协会。之后多个国家级协会陆续成立了再制造分支机构或部门，共同推进再制造产业发展。

2008 年，国家发展改革委组织"全国汽车零部件再制造产业试点实施方案评审会"，对全国各省（自治区、直辖市）40 余家申报单位中筛选出来的

14 家汽车零部件再制造试点企业进行了评审，包括一汽、东风、上汽、重汽、奇瑞等整车制造企业和潍柴、玉柴等发动机制造企业。

2009 年 1 月，《中华人民共和国循环经济促进法》正式生效，第二条、第四十条、第五十六条中 6 次阐述再制造，为推进再制造产业发展提供了法律依据。同年 4 月，国家发展改革委组织了"全国循环经济座谈会暨循环经济专家行启动仪式"。

2009 年 11 月，工业和信息化部启动了包括工程机械、矿采机械、机床、船舶、再制造产业集聚区等在内的八大领域 35 家企业参加的再制造试点工作。

2010 年 2 月 20 日，国家发展改革委和国家工商总局确定启用汽车零部件再制造产品标志，目的在于更好地加强监管再制造产品的力度，进一步推进汽车零部件再制造产业的健康发展。

2010 年 5 月，国家发展改革委等 11 个部委联合下发《关于推进再制造产业发展的意见》，指导全国加快再制造的产业发展，并将再制造产业作为国家新的经济增长点予以培育。

2010 年 10 月，《国务院关于加快培育和发展战略性新兴产业的决定》（国发〔2010〕32 号）中指出：要加快资源循环利用关键共性技术研发和产业化示范，提高资源综合利用水平和再制造产业化水平。

2012 年，国家发展改革委启动了汽车零部件再制造试点单位的验收工作，公布了第一批验收试点单位。

2013 年 8 月，国家发展改革委、财政部、工业和信息化部、商务部、国家质检总局五部委联合发布《关于印发再制造产品"以旧换再"试点实施方案的通知》，启动"以旧换再"试点工作，表示年内率先以汽车发动机、变速器等再制造产品为试点，以后视实施情况逐步扩大试点范围。

2014 年 12 月，国家发展改革委、财政部、工业和信息化部、商务部、国家质检总局将共同在全国实施再制造产品"以旧换再"，对符合条件的汽车发动机、变速器等再制造产品，按照置换价格的 10% 进行补贴，再制造发动机最高补贴 2000 元，再制造变速器最高补贴 1000 元。国家发展改革委发布公告，要求推广产品质量应当达到原型新品标准，具备由依法获得资质认定（CMA）的第三方检测机构出具的性能检测合格报告，产品合格证书中的质保期承诺不低于原型新品；推广置换价格为产品扣除旧件残值后的价格，不得超过原型新品的 60%，即企业的最高销售限价。同时，国家标准化管理委员会发布《再制造毛坯质量检验方法》（GB/T 31208—2014）、《机械产品再制造质量管理要求》（GB/T 31207—2014）。与此同时，国家发展改革委联合工业和信息化部等四部委公示了具备再制造产品推广试点企业资格的 10 家企业名单及再制造产品型号、推广价格。与此同时，工业和信息化部办公厅印发《关于进一步做好机电产品再制造试点示范工作的通知》，明确具备条件的地区应积极推进再制造产品享受资源综合利用产品增值税减免政策，积极支持"以旧换再"产品补贴政策落实。

2015 年 1 月 20 日，国家发展改革委资源节约和环境保护司等部门发布了关于再制造产品推广试点企业资格名单及产品型号、推广价格的公告。

2015 年 4 月，国务院印发《中国制造 2025》，全面推行绿色制造，开展再制造产业化示范，到 2025 年，制造业绿色发展和主要产品单耗达到世界先进水平，绿色制造体系基本建立。为贯彻落实《中国制造 2025》，工业和信息化部节能与综合利用司于 2016 年 7 月 18 日发布《工业绿色发展规划（2016—2020 年）》，于 2016 年 9 月 14 日发布《绿色制造工程实施指南（2016—2020 年）》，进一步对绿色制造体系建设的工作任务进行了细化。2017 年 11 月，工业和信息化部进一步制定了《高端智能再制造行动计划（2018—2020 年）》，提升机电产品再制造技术管理水平和产业发展质量，推动形成绿色发展方式，实现绿色增长，使再制造向高端化、智能化发展。

2015 年 5 月，国务院办公厅发布《关于印发加快海关特殊监管区域整合优化方案的通知》，要求促进区内产业向研发、物流、销售、维修、再制造等产业链高端发展，鼓励区内企业开展高技术含量、高附加值项目的境内外维修、再制造业务。

2018 年 7 月，《国务院办公厅转发商务部等部门关于扩大进口促进对外贸易平衡发展意见的通知》中要求积极推进维修、研发设计、再制造业务试点工作。

2018 年 12 月，国家发展改革委发布《汽车产业投资管理规定》，支持汽车零部件再制造投资项目。

2019 年 1 月，《国务院关于促进综合保税区高水平开放高质量发展的若干意见》中允许综合保税区内企业开展高技术含量、高附加值的航空航天、工程机械、数控机床等再制造业务。

2019 年 2 月，国家发展改革委发布《关于印发〈绿色产业指导目录（2019年版）〉的通知》，鼓励发展汽车零部件及机电产品再制造装备制造。

2019 年 5 月，国务院发布《报废机动车回收管理办法》，拆解的报废机动车"五大总成"具备再制造条件的，可以按照国家有关规定出售给具有再制造能力的企业经过再制造予以循环利用。

2019 年 10 月，国务院常务会议指出要加快保税维修再制造先行先试。其间，发布的国内政策汇总如表 1-8 所示。

表 1-8　国内政策汇总

序号	发布时间	发布机构	发文字号	名称
1	2005 年 4 月	交通部	交通部令 2005 年第 7 号	《机动车维修管理规定》
2	2005 年 6 月	国务院	国发〔2005〕21 号	《国务院关于做好建设节约型社会近期重点工作的通知》
3	2005 年 7 月	国务院	国发〔2005〕22 号	《国务院关于加快发展循环经济的若干意见》
4	2005 年 10 月	国家发展改革委、国家环保总局、科技部、财政部、商务部、统计局	发改环资〔2005〕2199 号	《关于组织开展循环经济试点（第一批）工作的通知》
5	2006 年 2 月	国家发展改革委、科技部、国家环保总局	公告 2006 年第 9 号	《汽车产品回收利用技术政策》
6	2006 年 9 月	科技部	国科发计字〔2006〕376 号	《关于印发〈国家科技支撑计划"十一五"发展纲要〉的通知》
7	2007 年 5 月	国务院	国发〔2007〕15 号	《国务院关于印发节能减排综合性工作方案的通知》
8	2007 年 12 月	国家发展改革委	发改高技〔2007〕3662 号	《国家发展改革委关于印发高技术产业化"十一五"规划的通知》

续表

序号	发布时间	发布机构	发文字号	名称
9	2007 年 12 月	国家发展改革委、国家环保总局等六部委	发改环资〔2007〕3420 号	《国家六部委〈关于组织开展循环经济示范试点（第二批）工作的通知〉》
10	2008 年 3 月	国家发展改革委	发改办环资〔2008〕523 号	《汽车零部件再制造试点管理办法》
11	2008 年 4 月	科技部、财政部、国家税务总局	国科发火〔2008〕172 号	《关于印发〈高新技术企业认定管理办法〉的通知》
12	2008 年 8 月	全国人民代表大会	中华人民共和国主席令第 4 号	《中华人民共和国循环经济促进法》
13	2009 年 1 月	农业部办公厅	农办机〔2009〕2 号	《农业部办公厅关于宣传推广农机维修节能减排技术的通知》
14	2009 年 6 月	工业和信息化部办公厅	工信厅节〔2009〕128 号	《工业和信息化部办公厅关于组织开展机电产品再制造试点工作的通知》
15	2009 年 12 月	工业和信息化部	工信部节〔2009〕663 号	《工业和信息化部关于印发〈机电产品再制造试点单位名单（第一批）〉和〈机电产品再制造试点工作要求〉的通知》
16	2010 年 2 月	国家发展改革委、国家工商管理总局	发改环资〔2010〕294 号	《国家发展改革委、国家工商管理总局关于启用并加强汽车零部件再制造产品标志管理与保护的通知》
17	2010 年 4 月	国家发展改革委、人民银行、银监会、证监会	发改环资〔2010〕801 号	《关于支持循环经济发展的投融资政策措施意见的通知》
18	2010 年 5 月	国家发展改革委、科技部等 11 部委	发改环资〔2010〕991 号	《关于推进再制造产业发展的意见》
19	2010 年 6 月	工业和信息化部	工信部节〔2010〕303 号	《关于印发〈再制造产品认定管理暂行办法〉的通知》
20	2010 年 10 月	工业和信息化部办公厅	工信厅节〔2010〕192 号	《关于印发〈再制造产品认定实施指南〉的通知》

续表

序号	发布时间	发布机构	发文字号	名称
21	2010 年 10 月	国务院	国发〔2010〕32 号	《国务院关于加快培育和发展战略性新兴产业的决定》
22	2010 年 12 月	工业和信息化部	工信部节函〔2010〕528 号	《工业和信息化部关于山东泰山建能机械集团公司等单位再制造试点实施方案的批复》
23	2011 年 1 月	工业和信息化部办公厅	工信厅节〔2011〕14 号	《关于组织推荐再制造工艺技术及装备的通知》
24	2011 年 3 月	全国人民代表大会		《国民经济和社会发展第十二个五年规划纲要》
25	2011 年 6 月	国家发展改革委办公厅、教育部办公厅、财政部办公厅、国家旅游局办公室	发改办环资〔2011〕1552 号	《关于组织开展循环经济教育示范基地建设的通知》
26	2011 年 8 月	工业和信息化部	公告 2011 年第 22 号	《再制造产品目录（第一批）》
27	2011 年 9 月	国家发展改革委办公厅	发改办环资〔2011〕2170 号	《国家发展改革委办公厅关于深化再制造试点工作的通知》
28	2011 年 12 月	商务部	商建发〔2011〕489 号	《商务部关于促进汽车流通业"十二五"发展的指导意见》
29	2012 年 2 月	工业和信息化部	公告 2011 年第 45 号	《再制造产品目录（第二批）》
30	2012 年 4 月	科学技术部	国科发计〔2012〕231 号	《关于印发绿色制造科技发展"十二五"专项规划的通知》
31	2012 年 4 月	工业和信息化部、科学技术部	工信部联节〔2012〕198 号	《工业和信息化部、科学技术部关于印发〈机电产品再制造技术及装备目录〉的通知》
32	2012 年 6 月	国务院	国发〔2012〕19 号	《国务院关于印发"十二五"节能环保产业发展规划的通知》
33	2012 年 6 月	国家发展改革委、环境保护部、科技部、工业和信息化部	公告 2012 年第 13 号	《国家鼓励的循环经济技术、工艺和设备名录（第一批）》

续表

序号	发布时间	发布机构	发文字号	名称
34	2012 年 7 月	财政部、发展改革委	财建〔2012〕616 号	《财政部 发展改革委关于印发〈循环经济发展专项资金管理暂行办法〉的通知》
35	2013 年 1 月	国务院	国发〔2013〕5 号	《国务院关于印发循环经济发展战略及近期行动计划的通知》
36	2013 年 1 月	国家发展改革委办公厅、财政部办公厅、工业和信息化部办公厅、质检总局办公厅	发改办环资〔2013〕191 号	《关于印发再制造单位质量技术控制规范（试行）的通知》
37	2013 年 2 月	国务院	国发〔2013〕5 号	《国务院关于印发循环经济发展战略及近期行动计划的通知》
38	2013 年 2 月	国家发展改革委办公厅	发改办环资〔2013〕506 号	《国家发展改革委办公厅关于确定第二批再制造试点的通知》
39	2013 年 7 月	国家发展改革委、财政部、工业和信息化部、商务部、国家质检总局	发改环资〔2013〕1303 号	《关于印发再制造产品"以旧换再"试点实施方案的通知》
40	2013 年 8 月	工业和信息化部	公告 2013 年第 40 号	《再制造产品目录（第三批）》
41	2013 年 8 月	国务院	国发〔2013〕30 号	《国务院关于加快发展节能环保产业的意见》
42	2013 年 10 月	国家市场监管总局	总局令第 150 号	《家用汽车产品修理、更换、退货责任规定》
43	2013 年 10 月	工业和信息化部	工信部节〔2013〕406 号	《工业和信息化部关于印发〈内燃机再制造推进计划〉的通知》
44	2014 年 7 月	工业和信息化部	公告 2014 年第 50 号	《再制造产品目录（第四批）》
45	2014 年 9 月	国家发展改革委办公厅、财政部办公厅、工业和信息化部办公厅、商务部办公厅、国家质检总局办公厅	发改办环资〔2014〕2202 号	《关于印发再制造产品"以旧换再"试点实施有关文件的通知》

续表

序号	发布时间	发布机构	发文字号	名称
46	2014 年 12 月	工业和信息化部办公厅	工信厅节函〔2014〕825 号	《工业和信息化部办公厅关于进一步做好机电产品再制造试点示范工作的通知》
47	2014 年 12 月	交通运输部等十部委	交运发〔2014〕186 号	《关于促进汽车维修业转型升级提升服务质量的指导意见》
48	2015 年 1 月	国家发展改革委、财政部、工业和信息化部、国家质检总局	发改办环资 2015 年第 1 号	《关于再制造产品"以旧换再"推广试点企业资格的公告》
49	2015 年 4 月	国家发展改革委	发改环资〔2015〕769 号	《国家发展改革委关于印发〈2015 年循环经济推进计划〉的通知》
50	2015 年 5 月	国务院	国发〔2015〕28 号	《国务院关于印发〈中国制造 2025〉的通知》
51	2015 年 5 月	国务院办公厅	国办发〔2015〕66 号	《国务院办公厅关于印发加快海关特殊监管区域整合优化方案的通知》
52	2015 年 8 月	交通运输部	交通运输部令 2015 年第 17 号	《交通运输部关于修改〈机动车维修管理规定〉的决定》
53	2015 年 8 月	国务院	国发〔2015〕49 号	《国务院关于推进国内贸易流通现代化建设法治化营商环境的意见》
54	2015 年 12 月	工业和信息化部	公告 2015 年第 77 号	《再制造产品目录（第五批）》
55	2016 年 1 月	工业和信息化部	工信部节〔2016〕30 号	《工业和信息化部关于公布通过验收的机电产品再制造试点单位名单（第一批）的通告》
56	2016 年 2 月	工业和信息化部	工信部节〔2016〕53 号	《工业和信息化部关于印发〈机电产品再制造试点单位名单（第二批）〉的通知》
57	2016 年 5 月	国家发展改革委、财政部	发改环资〔2016〕965 号	《国家发展改革委 财政部关于印发国家循环经济试点示范典型经验的通知》

续表

序号	发布时间	发布机构	发文字号	名称
58	2016 年 5 月	国家发展改革委办公厅	发改办环资〔2016〕1362 号	《国家发展改革委办公厅关于开展第二批再制造试点验收工作的通知》
59	2016 年 6 月	工业和信息化部	工信部规〔2016〕225 号	《工业和信息化部关于印发〈工业绿色发展规划（2016—2020 年）〉的通知》
60	2016 年 7 月	国务院	国发〔2016〕43 号	《国务院关于印发"十三五"国家科技创新规划的通知》
61	2016 年 8 月	商务部、国家发展改革委、财政部	公告 2016 年第 47 号	《鼓励进口服务目录》
62	2016 年 12 月	工业和信息化部	公告 2016 年第 67 号	《再制造产品目录（第六批）》
63	2017 年 4 月	国家发展改革委办公厅	发改办环资〔2017〕654 号	《国家发展改革委办公厅关于印发第二批再制造试点验收情况的通知》
64	2017 年 4 月	工业和信息化部、国家发展改革委、科技部	工信部联装〔2017〕53 号	《工业和信息化部 国家发展改革委 科技部关于印发〈汽车产业中长期发展规划〉的通知》
65	2017 年 4 月	商务部	商务部令 2017 年第 1 号	《汽车销售管理办法》
66	2017 年 10 月	国务院办公厅	国办发〔2017〕84 号	《国务院办公厅关于积极推进供应链创新与应用的指导意见》
67	2017 年 10 月	工业和信息化部	工信部节〔2017〕265 号	《工业和信息化部关于印发〈高端智能再制造行动计划（2018—2020 年）〉的通知》
68	2018 年 1 月	工业和信息化部	公告 2018 年第 3 号	《再制造产品目录（第七批）》
69	2018 年 7 月	国务院办公厅	国办发〔2018〕53 号	《国务院办公厅转发商务部等部门关于扩大进口促进对外贸易平衡发展意见的通知》
70	2018 年 12 月	国家发展改革委	国家发展改革委令第 22 号	《汽车产业投资管理规定》

续表

序号	发布时间	发布机构	发文字号	名称
71	2019 年 1 月	国务院	国发〔2019〕3 号	《国务院关于促进综合保税区高水平开放高质量发展的若干意见》
72	2019 年 3 月	国家发展改革委、工业和信息化部、自然资源部、生态环境部、住房城乡建设部、中国人民银行、国家能源局	发改环资〔2019〕293 号	《关于印发〈绿色产业指导目录（2019 年版）〉的通知》
73	2019 年 5 月	国务院	国务院令第 715 号	《报废机动车回收管理办法》
74	2019 年 11 月	国家发展改革委、工业和信息化部、中央网信办、教育部、财政部、人力资源社会保障部、自然资源部、商务部、人民银行、市场监管总局、统计局、版权局、银保监会、证监会、知识产权局	发改产业〔2019〕1762 号	《关于推动先进制造业和现代服务业深度融合发展的实施意见》
75	2020 年 5 月	国务院	第十三届全国人民代表大会第三次会议报告	《2020 年政府工作报告》
76	2021 年 2 月	国务院	国发〔2021〕4 号	《国务院关于加快建立健全绿色低碳循环发展经济体系的指导意见》
77	2021 年 3 月	国务院		《中华人民共和国国民经济和社会发展第十四个五年规划和 2035 年远景目标纲要》
78	2021 年 4 月	国家发展改革委、工业和信息化部、交通运输部、商务部、海关总署、市场监管总局、银保监会	发改环资规〔2021〕528 号	《关于印发〈汽车零部件再制造规范管理暂行办法〉的通知》

序号	发布时间	发布机构	发文字号	名称
79	2021 年 6 月	工业和信息化部、科技部、财政部、商务部	工信部联节函〔2021〕129 号	《工业和信息化部 科技部 财政部 商务部关于印发汽车产品生产者责任延伸试点实施方案的通知》
80	2021 年 7 月	国家发展改革委	发改环资〔2021〕969 号	《国家发展改革委关于印发"十四五"循环经济发展规划的通知》
81	2021 年 10 月	国务院	国发〔2021〕23 号	《国务院关于印发 2030 年前碳达峰行动方案的通知》

1.6.3 国内重点城市及区域

近年来，在国家政策支撑及有效规范下，我国再制造产业获得了持续稳定的发展。目前，工业和信息化部确定的"国家机电产品再制造产业示范园（或集聚区）"有 5 家，国家发展改革委批复的"国家再制造产业示范基地"有 4 家，其聚集区域与各区域特色，原国家质检总局批复的与再制造相关的示范区有 2 家，其中上海临港再制造产业示范基地获三部门批复，湖南浏阳制造产业基地获国家发展改革委、工业和信息化部两部门批复。

2009 年，工业和信息化部印发《机电产品再制造试点单位名单（第一批）》，确定了湖南浏阳制造产业基地、重庆市九龙工业园区（已主动放弃）两个再制造产业集聚区。2012 年年底，工业和信息化部以工信部节函〔2012〕616 号文批复上海临港产业区建设国家机电产品再制造产业示范园。2016 年，工业和信息化部印发《机电产品再制造试点单位名单（第二批）》，确定了彭州航空动力产业功能区、马鞍山市雨山经济开发区、合肥再制造产业集聚区 3 个再制造产业集聚区。

2011 年，国家发展改革委同意张家港开展建设国家再制造产业示范基地前期工作，拉开了再制造产业示范基地建设工作的序幕。2013 年，张家港国家再制造产业示范基地和长沙（浏阳、宁乡）国家再制造产业示范基地获国家发展改革委批复，成为国内首批国家再制造产业示范基地。2015 年，上海临港再制造产业示范基地评审通过。2017 年，河间市京津冀国家再制造产业示范基地项目建设正式启动。

2012 年 6 月，经国家质检总局与上海市人民政府批准，由上海市发展改革委牵头，选取临港产业区重点发展入境再制造产业，获批全国入境再利用产业检验检疫示范区。2017 年 6 月，北海综合保税区创建的北海国家高新技术产品全球入境维修 / 再制造示范区，通过国家质检总局验收。

重点地区政策汇总如表 1-9 所示。

表 1-9　重点地区政策汇总

序号	省市	发布时间	发布机构	发文字号	名称
1	北京	2011 年 4 月	北京市人民政府办公厅	京政办发〔2011〕19 号	《北京市人民政府办公厅关于印发北京市"十二五"时期节能降耗与应对 气候变化综合性工作方案的通知》
2	北京	2012 年 9 月	北京市人民政府	京政发〔2012〕31 号	《北京市人民政府关于贯彻国务院质量发展纲要（2011—2020 年）的实施意见》
3	北京	2016 年 12 月	北京市经济和信息化委员会	京制创新发〔2016〕1 号	《北京制造业创新发展领导小组关于印发〈北京绿色制造实施方案〉的通知》
4	北京	2017 年 12 月	北京市质量技术监督局	京质监发〔2017〕81 号	《北京市质量技术监督局关于印发 2017 版北京市重点发展的技术标准领域和重点标准方向的通知》
5	天津	2010 年 8 月	天津市发展改革委	津发改环资〔2010〕848 号	《关于组织申报天津市 2011 年循环经济项目的通知》
6	天津	2011 年 10 月	天津市发展改革委	津发改环资〔2011〕1051 号	《关于组织申报第四批市级循环经济示范试点的通知》
7	天津	2012 年 9 月	天津市人民政府办公厅	津政办发〔2012〕99 号	《天津市人民政府办公厅关于转发市经济和信息化委拟定的天津市加快创建国家新型工业化产业示范基地工作实施意见的通知》
8	天津	2014 年 3 月	天津市人民政府办公厅	津政办发〔2014〕23 号	《天津市人民政府办公厅关于转发市发展改革委经济和信息化委市环保局拟定的天津市加快发展节能环保产业实施意见的通知》

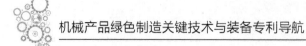

序号	省市	发布时间	发布机构	发文字号	名称
9	天津	2015年12月	天津市人民政府办公厅	津政办发〔2015〕101号	《天津市人民政府办公厅关于转发市发展改革委等八部门拟定的天津市绿色供应链管理暂行办法的通知》
10	天津	2016年3月	天津市工业和信息化委	津工信节能〔2016〕1号	《天津市工业和信息化委关于印发天津市2016年节能与综合利用工作要点的通知》
11	天津	2016年7月	天津市人民政府办公厅	津政办发〔2016〕65号	《天津市人民政府办公厅关于印发天津市促进外贸回稳向好和转型升级工作措施的通知》
12	天津	2016年11月	天津市工业和信息化委		《天津市工业经济发展"十三五"规划》
13	天津	2017年1月	天津市商务委	津商务〔2017〕1号	《天津市商务委关于印发2017年天津市商务工作要点的通知》
14	天津	2017年1月	天津市人民政府办公厅	津政办发〔2017〕3号	《天津市人民政府办公厅关于促进我市加工贸易创新发展的实施意见》
15	天津	2017年3月	天津市工业和信息化委		《天津市工业和信息化委关于印发天津市资源综合利用"十三五"规划的通知》
16	河北	2011年2月	河北省人民政府	冀政〔2011〕27号	《河北省人民政府关于加快推进工业企业技术改造工作的实施意见》
17	河北	2011年3月	河北省人民政府	冀政函〔2011〕40号	《河北省人民政府关于印发河北省环首都新兴产业示范区开发、建设方案的通知》
18	河北	2011年7月	河北省人民政府	冀政函〔2011〕112号	《河北省人民政府关于印发河北省"十二五"节能减排综合性实施方案的通知》
19	河北	2011年9月	河北省人民政府办公厅	冀政办函〔2011〕28号	《河北省人民政府办公厅关于印发河北省工业和信息化发展"十二五"规划的通知》
20	河北	2011年12月	河北省人民政府	冀政〔2011〕147号	《河北省人民政府印发关于加快培育和发展战略性新兴产业意见的通知》
21	河北	2012年11月	河北省人民政府	冀政函〔2012〕157号	《河北省人民政府关于印发河北省质量发展规划的通知》
22	河北	2012年12月	河北省人民政府	冀政〔2012〕98号	《河北省人民政府印发关于加快发展节能环保产业实施意见的通知》

序号	省市	发布时间	发布机构	发文字号	名称
23	河北	2012 年 12 月	河北省人民政府办公厅	冀政办函〔2012〕27 号	《河北省人民政府办公厅关于印发〈河北省节能减排"十二五"规划〉的通知》
24	河北	2013 年 4 月	河北省发展改革委	冀发改技术〔2013〕569 号	《关于做好 2013 年省战略性新兴产业发展项目申报工作的通知》
25	河北	2013 年 11 月	河北省人民政府	冀政〔2013〕68 号	《河北省人民政府印发关于进一步加快发展节能环保产业十项措施的通知》
26	河北	2013 年 11 月	河北省国资委		《关于深入贯彻落实河北省工业转型升级攻坚行动意见的通知》
27	河北	2015 年 3 月	河北省工业和信息化厅、河北省发展改革委、河北省科技厅、河北省财政厅	冀工信装〔2015〕39 号	《河北省发展和改革委员会关于印发〈促进河北省装备制造业加快发展实施方案〉的通知》
28	河北	2015 年 5 月	河北省发展改革委	冀发改办案字〔2015〕第 157 号	《对政协河北省第十一届委员会第三次会议第 537 号提案的答复》
29	河北	2015 年 11 月	河北省人民政府	冀政发〔2015〕42 号	《河北省人民政府关于深入推进〈中国制造 2025〉的实施意见》
30	河北	2015 年 12 月	河北省人民政府	冀政发〔2015〕49 号	《河北省人民政府关于贯彻落实环渤海地区合作发展纲要的实施意见》
31	河北	2015 年 12 月	河北省人民政府办公厅	冀政办字〔2015〕156 号	《河北省人民政府办公厅关于印发加快海关特殊监管区域整合优化实施方案的通知》
32	河北	2016 年 2 月	河北省人民政府	冀政发〔2016〕8 号	《河北省人民政府关于印发河北省建设京津冀生态环境支撑区规划(2016—2020 年)的通知》
33	河北	2018 年 2 月	河北省人民政府	冀政发〔2018〕4 号	《河北省人民政府关于加快推进工业转型升级建设现代化工业体系的指导意见》
34	上海	2009 年 12 月	上海市经济和信息化委	沪经信节〔2009〕782 号	《上海市经济信息化委关于加强本市"打印耗材再制造"行业管理工作的通知》

续表

序号	省市	发布时间	发布机构	发文字号	名称
35	上海	2011 年 12 月	上海市人民政府办公厅	沪府办发〔2011〕62 号	《上海市人民市政府办公厅关于转发市发展改革委等制订的上海市加快高效电机推广促进高效备机再制造工作方案》
36	江苏	2013 年 2 月	江苏省人民政府	苏政发〔2013〕8 号	《省政府关于进一步加快发展循环经济的意见》
37	江苏	2013 年 4 月	江苏省人民政府办公厅	苏政办发〔2013〕43 号	《省政府办公厅关于印发〈江苏省"十二五"环境保护和生态建设规划重点工作部门分工方案〉的通知》
38	江苏	2013 年 11 月	江苏省人民政府办公厅	苏政办发〔2013〕173 号	《省政府办公厅关于印发省有关部门和单位支持苏南现代化示范区建设目标任务的通知》
39	江苏	2013 年 12 月	江苏省人民政府	苏政发〔2013〕163 号	《省政府关于进一步加强企业技术改造的意见》
40	江苏	2015 年 3 月	江苏省人民政府	苏政发〔2013〕29 号	《省政府关于更大力度实施技术改造推进制造业向中高端迈进的意见》
41	江苏	2015 年 4 月	江苏省人民政府	苏政发〔2015〕41 号	《关于加快发展生产性服务业促进产业结构调整升级的实施意见》
42	江苏	2015 年 4 月	江苏省经济和信息化委、江苏省财政厅	苏经信综合〔2015〕174 号	《省经济和信息化委、省财政厅关于组织2015 年度省工业和信息产业转型升级专项资金项目申报的通知》
43	江苏	2015 年 9 月	江苏省人民代表大会		《江苏省循环经济促进条例》
44	江苏	2016 年 2 月	江苏省人民政府	苏政发〔2016〕10 号	《江苏省人民政府关于印发江苏省企业互联网化提升计划的通知》
45	江苏	2016 年 8 月	江苏省人民政府	苏政发〔2016〕105 号	《省政府关于促进外贸回稳向好的实施意见》
46	江苏	2016 年 8 月	江苏省经济和信息化委	苏经信科技〔2016〕441 号	《关于印发江苏省"十三五"企业技术进步规划的通知》
47	江苏	2016 年 10 月	江苏省经济和信息化委	苏经信运行〔2016〕558 号	《关于印发〈江苏省"十三五"工业设计产业发展规划〉的通知》

序号	省市	发布时间	发布机构	发文字号	名称
48	江苏	2016 年 12 月	江苏省人民政府办公厅	苏政办发〔2016〕161 号	《江苏省人民政府办公厅关于推进制造业与互联网融合发展的实施意见》
49	江苏	2016 年 12 月	江苏省人民政府办公厅	苏政办发〔2016〕137 号	《省政府办公厅关于印发江苏省"十三五"战略性新兴产业发展规划的通知》
50	江苏	2017 年 3 月	江苏省人民政府	苏政发〔2017〕25 号	《省政府关于加快发展先进制造业振兴实体经济若干政策措施的意见》
51	江苏	2018 年 4 月	江苏省人民政府办公厅	苏政办发〔2018〕35 号	《省政府办公厅关于推进供应链创新与应用培育经济增长新动能的实施意见》
52	江苏	2018 年 4 月	江苏省经济和信息化委	苏经信运行〔2018〕204 号	《关于组织申报 2018 年度江苏省服务型制造示范企业的通知》
53	安徽	2011 年 11 月	合肥市人民政府	合政秘〔2011〕117 号	《关于印发合肥市"十二五"节能综合性工作方案的通知》
54	安徽	2012 年 1 月	合肥市人民政府	合政〔2011〕199 号	《合肥市人民政府关于印发庐江县、巢湖市和合肥巢湖经济开发区加快工业发展总体方案的通知》
55	安徽	2014 年 7 月	合肥市人民政府	合政秘〔2014〕110 号	《合肥市人民政府关于规范和促进报废汽车回收拆解利用产业发展的若干意见（试行）》
56	安徽	2015 年 1 月	合肥市人民政府	合政秘〔2015〕1 号	《合肥市人民政府关于进一步加强再生资源回收利用体系建设的实施意见》
57	安徽	2015 年 6 月	合肥市发展改革委	合发改资环〔2015〕661 号	《合肥市发展改革委关于组织申报资源节约和环境保护中央预算内投资备选项目的紧急通知》
58	安徽	2015 年 12 月	安徽省人民政府	皖政〔2015〕106 号	《安徽省人民政府关于印发〈中国制造 2025 安徽篇〉的通知》
59	安徽	2017 年 11 月	合肥市人民政府	合政〔2017〕160 号	《合肥市人民政府关于印发"十三五"节能减排综合性工作方案的通知》
60	安徽	2019 年 1 月	合肥市人民政府办公厅	合政办〔2018〕60 号	《合肥市人民政府办公厅关于扩大进口促进外贸平衡发展的实施意见》

机械产品绿色制造关键技术与装备专利导航

续表

序号	省市	发布时间	发布机构	发文字号	名称
61	湖南	2015 年 11 月	湖南省人民政府	湘政发〔2015〕44 号	《湖南省人民政府关于落实"三互"加强口岸工作的实施意见》
62	湖南	2017 年 9 月	湖南省人民政府办公厅	湘政办发〔2017〕53 号	《湖南省人民政府办公厅关于转发省长株潭两型试验区管委会等单位〈长株潭两型试验区清洁低碳技术推广实施方案（2017—2020 年）〉的通知》

1.6.3.1 成都市

2016 年 2 月，工业和信息化部确定彭州航空动力产业功能区为机电产品再制造产业集聚区。彭州航空动力产业功能区成立于 2013 年 9 月，位于四川省彭州市以西 5.8 千米、成都市西北 30 千米处的丽春镇。规划总面积为 12.1 平方千米，其中已建成 2.3 平方千米。

功能区的建设受惠于当地航空动力产业及 3D 打印产业基础，功能区的发展以成都航利集团的科技资源、品牌优势和产业基础为依托，以再制造技术在航空领域的应用为牵引，做强做大航空动力维修及再制造、航空产品制造产业，集群发展汽车零部件再制造、节能环保装备制造、电子信息、复合材料等高新技术产业，配套发展航空文化博览、会展、物流等产业，形成以航空动力产业为核心、增材制造为特色的产业功能区。

1.6.3.2 长沙市

2009 年，工业和信息化部将湖南浏阳制造产业基地确定为机电产品再制造产业集聚区。湖南浏阳制造产业基地位于长沙市东线经济走廊，地处长株潭城市群腹地，为长株潭"两型社会"建设的重要组团之一，是围绕湖南工程机械、汽车主机企业进行产业配套，以工程机械和汽车零配件为主导产业、湖南省内目前唯一主攻发展再制造产业的专业工业园区。2013 年，长沙（浏阳、宁乡）再制造产业示范基地成功获得国家发展改革委批复。

长沙（浏阳、宁乡）再制造产业示范基地建设拟在现有的"一体两翼"总体工业布局上，以长沙市为主体，依托"两翼"中的浏阳再制造专区和宁乡再制造专区，按"一体两翼"、资源互补、差异化发展的模式发展再制造产业。

东翼为浏阳再制造产业专区，规划控制面积为 4.5 平方千米，着力发展工程机械零部件和汽车零部件再制造产业；西翼为宁乡再制造产业专区，规划控制面积为 6.2 平方千米，着力发展机床零部件和医药设备零部件再制造。同时，东西两翼还将共享拆解清洗中心、监测与鉴定中心、表面处理中心、产业发展中心、产业孵化中心等公共服务平台。以浏阳、宁乡为代表的长沙再制造产业基地培育了 29 家再制造企业，2015 年再制造产值达 40 亿元。

1.6.3.3　上海市

2012 年，工业和信息化部批复上海临港产业区建设国家机电产品再制造产业示范园。2015 年，上海临港再制造产业基地通过国家发展改革委的评审，成为第 3 个再制造国家示范基地。临港产业区规划面积 241 平方千米，地理位置优越，紧邻洋山保税港区，拥有国际公共口岸码头，交通物流非常便捷。以中船集团、中国商用飞机公司、中航工业集团、上海电气、上海汽车、卡特彼勒、西门子、沃尔沃等一批国内外大型龙头企业为核心，上海临港产业区已经形成了新能源装备、汽车整车及零部件、船舶关键件、海洋工程、工程机械、航空发动机等重大装备研制基地，2012 年总产值超过 500 亿元。上海市经济和信息化委员会积极会同相关部门在政策试点、项目建设、人才引进、公共服务平台等方面给予积极支持，力争把临港地区打造成全国领先的再制造产业集聚区，逐步形成"企业集群、产业集聚"的发展态势。

园区正在建设再制造产品与旧件检测认证平台、技术研发中心、人才实训基地、集中清洗与固危废处理中心、信息数据中心、展示中心、营销服务中心、创业创新孵化中心等公共服务平台。

1.6.3.4　合肥市

2016 年 2 月，工业和信息化部确定合肥再制造产业集聚区为机电产品再制造产业集聚区，集聚区涵盖合肥及周边马鞍山、蚌埠、滁州等市周边从事再制造行业的企业，涉及工程机械、发动机、机床、冶金行业再制造等多个门类。2016 年，全国首台使用国产主轴承的再制造盾构机在合肥顺利下线，结束了我国在盾构再制造领域主轴承制造空白的历史。

1.6.3.5　苏州市

2013 年，张家港国家再制造产业示范基地由国家发展改革委批准建立。

基地配套齐全，设有招商、展示、综合服务公司、逆向物流、清洗及污水处理、电商和教育及专业再制造研究院等功能平台。基地拥有国家级再制造产品检测检验中心，为再制造企业提供产品检测和技术服务。基地设有再制造产业研究院，与清华大学、武汉理工大学、重庆理工大学等大专院校合作，专业为国家再制造产业在标准体系研究、再制造专用技术研发和产业化应用等方面提供支持。

基地以汽车零部件再制造为核心，已培育了富瑞特装、西马克、那智不二越等一批全球再制造领军型标杆企业，初步形成了以汽车发动机再制造为主，冶金设备、精密切削工具再制造为辅的产品体系。2015 年，张家港清研再制造产业研究院正式揭牌，张家港清研首创再制造产业投资有限公司同时揭牌，再制造产业投资基金、张家港清研再制造检测中心、再制造研究院与重庆理工大学等合作开展再制造技术研发工作、再制造教育培训平台等 4 个项目。2016 年，国家再制造汽车零部件产品质量监督检验中心正式揭牌。

1.6.3.6 沧州市

2017 年 3 月，河间市京津冀国家再制造产业示范基地项目建设正式启动，主要打造集逆向物流、拆解清洗、分类处理、再制造、检测、产品销售、创新研发、电子商务、售后服务等于一体的京津冀国家再制造产业示范基地。基地建成后，将成为京津冀地区唯一的国家级示范基地和北京高新技术成果转化基地。

河北省河间市再制造产业起步较早，主要集中在汽车配件和石油钻采行业。现有汽车配件再制造企业 150 余家，产品有 10 余个种类、上千种规格，其中起动机、发电机年产量突破 400 万台，占全国市场份额的 80% 以上，30% 的产品出口到欧美、日本、中东等国家和地区，已成为世界较大的汽车发电机、起动机再制造基地。PDC 钻头、金刚石钻头等再制造产品占国内市场份额的近 10%，年产值达 6 亿元，并远销中东、非洲、东欧等多个地区。在《"十三五"时期京津冀国民经济和社会发展规划》中，明确强化河间再制造基地等引领作用。基地启动后，广州市欧瑞德汽车发动机科技有限公司和河间经济开发区，签订了汽车发动机再制造项目协议；河北省物流产业集团有限公司、上海利曼汽车零部件有限公司、河间手拉手国际汽配城，签订了再制造旧件交易平台项目协议。

1.6.3.7　重庆市

2005 年，重庆市颁布了《重庆市人民政府关于发展循环经济的决定》，并制定了多项发展规划，循环经济中的自主创新和专利技术逐渐受到政府和企业的重视。2010 年 10 月，中国（重庆）低碳专利技术展示交易会在重庆举行，主题之一即运用专利制度推动循环经济发展。

2011 年 9 月，中国专利周的重庆专利交易展示会也展出了多项低碳环保和循环经济专利技术。2011 年年初，重庆市人民政府发布了《重庆市国民经济和社会发展第十二个五年规划纲要》，在第九章第四节"积极应对气候变化发展动力源泉"中，明确提出积极培育重庆市"再制造"产业化推广项目，以及回收再利用示范项目等。

1.6.3.8　马鞍山市

2016 年 2 月，工业和信息化部确定安徽省马鞍山市雨山经济开发区为机电产品再制造产业集聚区。马鞍山市雨山经济开发区起源于雨山工业园，是 2002 年 5 月经市政府批准设立的市级工业园。现由雨山工业园、三台创业园、滨江汇翠名邸楼宇经济区、采石河南片区和高新技术产业集中区五部分组成。雨山经济开发区规划面积为 32 平方千米，已建成面积为 5 平方千米。

雨山经济开发区是雨山区经济建设的主战场和产业强区的发动机，科技实力雄厚，园区内已有国家级高新技术企业 18 家，国家级重点实验室、院士工作站、博士后工作站等各类研发机构 26 家，规模以上工业企业 80 家，国家高新技术企业 22 家。雨山经济开发区已逐渐发展成电子信息、智能装备制造、节能环保三大主导产业集群，已形成国家级再生资源集散市场。

1.6.3.9　北海市

北海综合保税区（原北海出口加工区）规划面积为 2.28 平方千米，位于北海市区西侧，毗邻北海港，地理位置优越。自 2005 年起开展国产出口机电产品入境维修 / 再制造业务，先后引进了北海绩迅、北海琛航等一批办公设备与办公耗材再制造企业。北海绩迅作为国家质检总局批复的墨盒再制造企业，已经发展成为再制造墨盒行业全球第三、全国第一的领头企业。

2017 年 6 月，北海综合保税区创建的北海国家高新技术产品全球入境维修 / 再制造示范区，通过国家质检总局验收，成为全国第 3 个、西南地区及全国地级市首个国家高新技术产品入境再制造 / 全球维修示范区，是北海市制造业由传统型向服务型转变升级的重要平台，促进并加快了北海制造业的发展。目前园区已培育了 6 家再制造企业，主要开展办公设备、办公耗材和服务器等产品检测、维修和再制造业务，初步形成一个产业特色鲜明、产业链完整、具有核心竞争力、绿色循环发展的再制造产业基地。2018 年再制造产业实现规模以上工业总产值达 5.68 亿元，占园区产值近 10%。未来，园区将在现有保税维修再制造业务的基础上，大力引进移动智能终端产品及工程机械、汽车发动机、中高端医疗设备等高技术含量、高附加值机电产品全球维修再制造项目，延伸产业链，打造"检测维修中心"，把全球维修再制造产业打造成为综合保税区新的经济增长点。

1.6.3.10　天津市

2016 年，子牙循环经济技术开发区紧密结合园区发展实际，全力推进招商引资、基础设施建设等重点工作。在项目引进上以壮大产业集群为重点，围绕深加工、再制造、现代服务业等产业精准招商，力争格力二期、申能环保、淮海控股集团二期等 50 多个在谈项目签约落地。借助中国循环经济协会等国家级行业协会资源优势，做好首都及周边循环经济项目的转移承接，全力打造园区政策保障、科技研发、金融扶持及物流交易等公共服务平台，推动形成具有国际影响力的再制造基地。

2020 年，天津自贸区机场片区发布《中国（天津）自由贸易试验区机场片区规范和指导企业适用保税维修再制造政策的若干意见》（简称《意见》），对天津市保税维修再制造政策进行有益补充，保障企业依法依规、风险可控地开展有关保税维修再制造业务。

《意见》不仅支持有意开展保税维修再制造业务的中外企业在满足环保要求的前提下，在海关特殊监管区域内开展保税维修再制造业务，还允许企业在海关特殊监管区域外开展有关服务，并将该政策的适用范围扩大到天津滨海新区全域，为新注册尚未取得有关资质的企业迅速开展保税维修再制造业务提供政策支持。

《意见》还明确提出，支持和鼓励企业组建维修再制造及配套产业联盟，依法依规开展行业自律、信息共享、制度创新和产业链整合等活动。据了解，联盟的组建工作已全面启动，将促进天津港保税区保税维修再制造的产业链和产业群落迅速形成。

天津自贸区机场片区内企业天津海特 2019 年完成 2 架境外飞机客改货业务。公司正在积极推进第三、第四架飞机的客改货业务，同期还完成飞机保税维修 6 架次；2019 年，庞巴迪（天津）航空服务有限公司实现维修收入 2000 万元，同比增幅超过 30%。完成订单 20 单，年进口金额达到 2500 万元；2019 年，古德里奇结构服务公司完成短舱部件维修业务超过 350 件，维修收入 1.1 亿元，租赁及其他收入达 2000 万元，全年进口额达 5000 万元。

1.6.4　国内重点企业

1.6.4.1　汽车零部件绿色（再）制造企业

国家发展改革委公布的汽车零部件再制造 42 家试点企业中，共有 20 家发动机试点企业，占到 47.62%。其中，第一批 14 家试点企业有 10 家从事汽车发动机的再制造，占到 70% 以上；第二批 28 家试点企业中，有 6 家从事汽车发动机再制造，除去为汽车再制造服务的企业，发动机再制造占到 20% 以上，如表 1-10 所示。

表 1-10　汽车再制造试点企业统计

批次	再制造范围	试点企业
第一批 （2008 年）	整车再制造	中国第一汽车集团公司
		安徽江淮汽车集团有限公司
		奇瑞汽车有限公司
	零部件再制造	上海大众联合发展有限公司
		潍柴动力（潍坊）再制造有限公司
		武汉东风鸿泰控股集团有限公司
		济南复强动力有限公司
		广西玉柴机器股份有限公司
		东风康明斯发动机有限公司
		柏科（常熟）电机有限公司

续表

批次	再制造范围	试点企业
第二批 （2016 年）	整车再制造	长城汽车股份有限公司
	零部件再制造	张家港富瑞特种装备股份有限公司
		玉柴再制造工业（苏州）有限公司
		浙江再生手拉手汽车部件有限公司
		江西江铃汽车集团实业有限公司
		陕西北方动力有限责任公司

1.6.4.2 机床绿色（再）制造企业

国家发展改革委公布的再制造 42 家试点企业中，仅有 3 家机床再制造试点企业。其中，第一批 2 家试点企业包括武汉武重装备再制造工程有限公司与华中自控技术发展有限公司；第二批仅 1 家试点企业——沈阳机床股份有限公司，试点企业规模较小，如表 1-11 所示。

表 1-11 机床再制造试点企业统计

批次	试点企业	企业地区
第一批试点名单	武汉武重装备再制造工程有限公司	湖北
	华中自控技术发展有限公司	湖北
第二批试点名单	沈阳机床股份有限公司	辽宁

1.6.4.3 工程机械绿色（再）制造企业

工业和信息化部公布的再制造 56 家试点企业中，共有 13 家工程机械试点企业，占到 23.21%。其中，第一批有 6 家工程机械试点企业通过再制造试点验收，占第一批试点企业的 30%；第二批 36 家通过试点企业中，有 7 家从事工程机械再制造，如表 1-12 所示。

表 1-12 工程机械再制造试点企业统计

批次	试点企业
2009 年第一批试点通过企业	徐工集团工程机械有限公司
	武汉千里马工程机械再制造有限公司
	广西柳工机械股份有限公司
	天津工程机械研究院
	中联重科股份有限公司
	三一集团有限公司
2020 年第二批试点通过企业	安徽博一流体传动股份有限公司
	芜湖鼎恒材料技术有限公司
	山河智能装备股份有限公司
	中铁工程装备集团有限公司
	中铁隧道集团有限公司
	蚌埠市行星工程机械有限公司
	中国铁建重工集团有限公司

1.6.5 国内主要研究机构

1.6.5.1 天津工程机械研究院有限公司

天津工程机械研究院成立于 1961 年，是原国家机械工业部直属的一类综合性研究院所。1999 年作为全国首批 242 个院所之一，转制为科技型企业，2017 年 1 月 20 日改制为法人独资的一人有限责任公司，正式更名为"天津工程机械研究院有限公司"，简称"天工院"。现坐落于天津市北辰经济技术开发区，占地面积约 230 亩，隶属于世界 500 强企业——中国机械工业集团有限公司。天津工程机械研究院有限公司与我国工程机械行业同起步共发展携手走过了近六十载春秋，一直以引领中国工程机械技术不断进步为己任，致力于打造工程机械行业技术水平一流、综合实力领先的创新型科研院所。

天工院是国家创新型企业、国家"863"产业化示范基地、国家高新技术企业、国家机电产品再制造试点企业。拥有企业博士后科研工作站、天津市工程机械传动工程中心、天津市工程机械再制造技术企业重点实验室及机械工业工程机械节能技术重点实验室等创新平台。天工院是机械工业工程机械及液压件产品质量监督检测中心，工程机械行业生产力促进中心，全国土方机械标准化技术委员会，中国工程机械工业协会挖掘机械分会、铲土运输机械分会、配套件分会、学术工作委员会、后市场产销分会，以及高端液压元件及系统研发与产业化协同创新平台挂靠单位。

2011年1月由天工院和天津大学材料科学与工程学院联合申请的"天津市工程机械再制造技术企业重点实验室"，经过天津市科委的形式审查和专家评审，最终由天津市科委主任办公会批准后正式下达认定批复并授牌。

该实验室旨在通过开展工程机械再制造基础研究和共性技术研究，解决工程机械再制造中的技术瓶颈，将为天津市工程机械整机及关键零部件再制造搭建一个技术创新平台和检测平台，同时为工程机械行业提供试验、检测和试运行服务。

2006年，天工院正式把再制造确定为企业发展的三大战略目标之一。同年，天工院作为工程机械行业的代表，参与了国家发展改革委关于机电行业可持续发展研究的课题组。2006—2008年，天工院开始以平地机为基础进行了再制造研究，完成了两轮技术攻关，积累了大量的经验。

1.6.5.2 中国人民解放军陆军装甲兵学院再制造工程系

中国人民解放军陆军装甲兵学院坐落于北京市西南卢沟桥畔，隶属于中国人民解放军陆军，为军队"2110工程"重点建设院校，素有"陆战之王的摇篮"的美称，是全军重点建设院校和全军首批教学优秀单位。

学院的前身可以追溯到1953年成立的哈尔滨军事工程学院装甲兵工程系；1961年，该系从哈尔滨整体迁址西安，组建成立装甲兵工程学院；1969年，学院从西安迁址北京；2017年，陆军装甲兵学院以原装甲兵工程学院、原装甲兵学院、原装甲兵技术学院为基础重建，辖院本部、蚌埠校区和士官学校，装甲兵学院、装甲兵技术学院前身分别为1950年成立的坦克学校和1951年组建的第三战车编练基地。

自主创新开发出一系列先进特色技术、设备与材料，如装备再制造快速成形、装备原位动态自修复、装备沙粒磨损损伤控制与修复、装备重载齿面激光熔覆再制造、装备战场应急维修、装备系统防腐等，解决了诸多重大装备保障难题。在主战装备、"撒手锏"装备的防腐、耐磨、应急维修等方面取得了突出成绩，推动了装备维修保障技术与新型装备研制的同步配套发展，促进了装备再制造工程基础创新研究与科技成果转化，实现了装备的"起死回生、修旧胜新"。

年逾八旬的"中国再制造之父"徐滨士院士，为了将再制造列入国家战略性新兴产业而奔走呼吁，先后以不同形式向党和国家领导人汇报中国自主创新的再制造产业发展。2010 年，他们起草并推动国家 11 部委"出炉"《关于推进再制造产业发展的意见》。倡导中国特色的再制造技术模式，引领了国内外再制造技术领域的科技进步。在实验室工作的示范、带动和辐射作用下，再制造科学研究与产业化发展相辅相成，互相促进。全国政协原副主席、中国工程院原院长徐匡迪誉之为"再制造国家队"。

1.6.5.3　清华大学精密仪器系

清华大学精密仪器系是我国历史最悠久的工程学科院系之一，九十载春秋的发展历史，孕育和形成了积极进取、锐意改革、精益求精的优良传统。在老一辈教师及学科同人们的辛勤工作、共同努力及学校的大力支持下，紧扣学科发展脉搏、重视人才培养、服务社会需求，学科不断发展壮大，成为支撑清华大学工学学科建设的重要力量。

全系科研面向国际基础前沿和国家重大需求，坚持为国民经济服务，每年承担国家重大专项、重点研发计划、重大科学仪器开发专项、国家自然科学基金项目及其他科技开发项目等百余项。20 世纪 70 年代，研制开发了分步重复自动照相机、图形发生器、光刻机、电子束曝光机工件台等半导体设备，其中"分步相机"应用于全国 100 多个厂家，受到广泛好评；研制了多种磁盘测试仪器，促进了我国电子工业的发展。"七五""八五"期间，光 / 热效应型可直接改写光盘技术研究获得国家技术发明奖二等奖。"九五""十五"期间，微米纳米技术取得了国际水平的研究成果，科研经费显著增加，获得国家级奖励 7 项，其中国家技术发明奖 4 项、国家科学技术进步奖 3 项。近年来研制成功国内第一颗微小卫星与第一颗纳型卫星。"十一五""十二五"期间，获国家科技奖励 7 项，其中国家技术发明奖二等奖 5 项，国家科学技术进步奖二等奖 2 项。"十三五"期间，获国家技术发明奖二等奖 1 项、教育部技术发明奖一等奖 1 项、教育部技术发明奖及自然科学奖二等奖 3 项、北京市科学技术奖一等奖 1 项；国际科学技术合作奖 1 项、全国创新争先奖 1 项，全系师生在国内外学术刊物及学术会议上发表多篇高水平论文，获得国家授权发明专利数量猛增，成果转化成绩喜人。科研经费总量增长迅速，国家重大任务逐渐成为科研工作的主流，科技成果转化效果和社会经济效益显著。

1.6.5.4　重庆大学机械工程学院

重庆大学机械工程学院（College of Mechanical Engineering, ChongQing University）是重庆大学下设的二级学院，已成为中国机械工程类人才培养的重要基地和科学研究中心。

据 2020 年 8 月重庆大学机械工程学院官网显示，机械工程学院在"高性能机电传动""数控装备的设计制造与测控""制造系统工程""机械系统创新设计理论与方法"主要学科方向取得了一批研究成果；承担国家 863 项目、国家科技攻关项目、国家自然科学基金重点项目和面上项目等省部级以上项目 300 余项，研究经费 5 亿元；近年来获国家技术发明奖和国家科学技术进步奖二等奖 6 项，省部级奖 40 多项；获国家发明专利 400 多项；发表论文 2000 多篇，被 SCI 收录 300 多篇。

1.6.5.5　合肥工业大学绿色设计与制造工程研究所

合肥工业大学绿色设计与制造工程研究所（简称"研究所"）从 1994 年起在国内率先开展机电产品绿色设计与绿色制造研究。近年来，在机电产品拆卸及回收工艺与装备、机电产品再制造理论方法及其关键技术、废旧机电产品再资源化方法及装备、绿色设计理论与方法及其支持工具、汽车产品回收信息管理系统，以及材料数据库管理系统开发、高端成型装备低碳制造方法及关键技术等领域开展了一系列卓有成效的研究，主要研究与应用对象包括电子电器产品、汽车、机床、工程机械及其关键零部件。

研究所 2008 年由机械工业联合会批准建设"机械工业绿色设计与制造重点实验室"，同时与奇瑞集团公司共同建立了"汽车绿色技术研发中心"。研究所现有教授 4 名、副教授 2 名、讲师 4 名、研究生 50 余名，已经成为国内该领域重要的人才培养基地。

研究所先后共承担国家自然科学基金项目 18 项，其中重点项目 3 项、中美国际合作基金 1 项；共承担科技部相关项目 9 项，参与 973 项目课题 2 项；承担省部级项目及企业合作项目等 20 余项。在国内外学术会议及学术期刊上发表学术论文 300 多篇，其中被 SCI、EI 收录 100 多篇；共出版或翻译学术著作 9 部；获得国家科学技术进步奖二等奖 1 项，省部级奖励 5 项；申请发明专利 30 余项，已授权 14 项，获得软件著作产权 8 项。

1.6.5.6 山东大学可持续制造研究中心

山东大学可持续制造研究中心成立于 2003 年，依托山东大学机械学院和山东大学高效洁净机械制造教育部重点实验室，2017 年获批"十三五"山东省高校绿色制造重点实验室，2018 年获批山东省绿色制造工程技术研究中心。

围绕制造业"绿色、健康、安全、可持续发展"，致力于绿色制造、高效制造等基础理论和应用技术方面的创新性研究，推广和应用制造业节能、低碳、环保的先进理念和技术；凝聚和建设多学科交叉融合的高水平学术研究和创新团队，培养具有综合素质和卓越创新能力的一流科技人才。

目前，山东大学可持续制造研究中心在研各类项目获纵向和横向各类资助 2000 余万元；获省部级科学技术进步奖一等奖 4 项、二等奖 7 项、三等奖 1 项，自然科学奖三等奖 1 项，省级技术发明奖二等奖 1 项；申请专利 100 余项，发表高水平论文 300 余篇，取得了系列原创性的理论方法和技术突破，其推广应用产生了重要的经济、社会和环境效益。

1.7 山东省产业发展分析

1.7.1 山东省产业发展现状

1.7.1.1 汽车制造业

进入 21 世纪以来，山东省汽车产业进入发展快车道，整车研发能力水平明显提升，零部件配套能力逐步增强，新能源汽车快速发展，产品质量水平稳步提高，品牌建设取得显著成效，国际化步伐逐步加快，企业竞争优势不断提升。

产业规模位居全国前列。近年来，全省汽车产业规模不断扩大，质量和技术水平显著提高，现已形成乘用车、商用车、汽车零部件等门类齐全、品种丰富、竞争力较强的完整产业体系，生产规模位居全国前列。截至 2017 年年底，全省共有汽车及零部件生产企业 1400 余家，2017 年完成主营业务收入 6894 亿元，同比增长 10.7%。汽车产业不断发展壮大，为推动全省经济发展、促进社会就业、改善民生福祉做出了突出贡献。

产品结构不断优化。2017 年，全省生产汽车整车 205.68 万辆，同比增长 7.38%，占全国市场的 8.23%，其中乘用车产量 109.04 万辆，占全省汽车总产量的比重由 2010 年的 39.94% 提高到 2017 年的 53%。重型载货汽车是山东省优势产品，2017 年生产 29.58 万辆，超过全国产量的 1/4。截至 2017 年年底，山东省共有专用车生产企业 230 多家，2017 年生产专用车 47 万辆，居全国首位，油田作业车、机场专用车、环卫车、清障车、消防车、水泥搅拌车等重点产品具有较大优势。

1.7.1.2 装备制造业

山东省出台《山东省装备制造业发展规划（2018—2025 年）》（简称《发展规划》）。目标是到 2025 年，形成以新技术、新产品、新业态、新模式主导发展的现代产业体系，打造一批代表中国装备形象和水平的企业、产品及品牌，建成全国、世界知名的装备制造基地，成为现代装备制造业强国的重要支柱。其中，枣庄将以数控机床为重点，加快由中小机床之都向高档数控机床基地转型。

装备制造业是以高新技术为基础，处于价值链高端和产业链核心环节，决定整个产业链综合竞争力的战略性新兴产业。《发展规划》指出：装备制造业是制造业的脊梁，要把装备制造业作为重要产业，加大投入和研发力度，奋力抢占世界制高点、掌控技术话语权，使我国成为现代装备制造业大国和强国；要把新一代信息技术、装备制造等战略性新兴产业发展作为重中之重，构筑产业体系新支柱。

1.7.1.3 工程机械制造业

2020 年 2 月 21 日召开的中央政治局会议强调，要积极扩大有效需求，促进消费回补和潜力释放，发挥好有效投资关键作用，加大新投资项目开工力度，加快在建项目建设进度。加大试剂、药品、疫苗研发支持力度，推动生物医药、医疗设备、5G 网络、工业互联网等快速发展。其为了推动经济复苏，各个地方政府密集公布了 2020 年重大项目投资计划，一波基建投资已经在路上。随着各地重点工程的复工及一批重点项目名单的下发，近 50 万亿元的投资版图也浮出水面。

从目前各省（自治区、直辖市）公布的具体投资项目来看，基建投资仍占一席之地。据公开信息资料整理，截至 2020 年 3 月 10 日，已有 25 个省（自治区、直辖市）公布了未来的投资规划，2.2 万个项目总投资额达 49.6 万亿元，2020 年度计划投资总规模达 7.6 万亿元。其中，山东省投资总规模为 2.9 万亿元，投资项目数为 1021 个。

从上游市场来看，山东省具有广阔的产业发展空间。

1.7.2　山东省重点企业

1.7.2.1　山东能源重型装备制造集团有限责任公司

山东能源重型装备制造集团有限责任公司组建于 2014 年 12 月，注册资本 29.08 亿元，是世界 500 强企业山东能源集团有限公司的权属二级单位。与波兰、瑞典、德国等国家先进企业开展广泛合作，整体规模和综合实力位列中国煤机制造行业前列。依托卓越的品牌和先进的技术，产品在满足国内客户基础上，销往南亚、东南亚、西亚和美洲、大洋洲等国家。今后一个时期，将大力发展装备制造、再制造及现代服务业，重点推进发展国际化、产品高端化，全力打造"千亿企业"，建设国际化大型能源装备制造集团。

1.7.2.2　胜利油田胜机石油装备有限公司

胜利油田胜机石油装备有限公司（原中国石化集团胜利石油管理局总机械厂）成立于 2007 年 10 月，是一家集设计、研发、加工制造、油田服务于一体的综合性企业集团。公司下设 22 家生产及研发单位、7 家子公司和遍布国内及世界各产油区的办事处，年销售收入达 10 亿元。

公司主体占地面积 60 万平方米，总建筑面积 18 万平方米，拥有冷、热加工配套的设备及先进工艺，各类设备 1400 余台（套），备较强的产品研发能力，是国家高新技术企业，是工业和信息化部首批再制造试点单位，拥有省级技术中心。自成立以来，公司承担省级以上项目 12 项，拥有国家级新产品计划项目 1 项，国家火炬计划项目 1 项，山东省技术创新项目 8 项，省科技攻关项目 2 项，共拥有 100 多项国家专利。产品和服务涵盖常规采油和钻井设备、热采整体配套设备、防腐抗磨解决方案、多相流量计解决方案、钻完井修井技术与产品、机械化修井作业系统、增产服务、工程设计安装、检修服务九大板块。目前产品除在胜利油田及国内其他各大油田使用外，还远销北美、南美、中亚、中东、非洲、独联体等地的 23 个国家和地区。

公司相继取得美国石油学会（API）颁发的 ISO9001、API Spec Q1、ISO29001 质量体系认证证书，通过了挪威船级社（DNV）认证，取得 ISO14001：2004、OHSAS 18001：2007 环境管理体系和职业健康安全体系认证证书。抽油机、抽油泵、防喷器产品取得了中国国家工业产品生产许可证。防腐油管、井口装置和采油树、油田注汽锅炉、压力容器设计与制造、膨胀节、起重机械安装改造与维修等分别取得了中国特种设备制造许可证。

1.7.2.3　潍柴动力（潍坊）再制造有限公司

潍柴动力（潍坊）再制造有限公司成立于 2008 年 4 月 21 日，是国家发展改革委确定的首批 14 家汽车零部件再制造试点企业之一，是潍柴动力股份有限公司的全资子公司，专业从事发动机及其零部件的再制造业务，厂房占地面积达 27 090 平方米，投资达 2.6 亿元，目前拥有职工约 200 人，位于潍坊市高新区潍柴工业园区。

再制造产品能够实现单件小批量供货、客户旧机循环利用等个性化定制服务，实现高端再制造、智能再制造。公司现可提供潍柴动力各系列发动机再制造整机及 60 余种再制造零部件，并可提供在役发动机的"在役再制造"服务。再制造机器提供与新品发动机相同的三包服务政策。

1.8　济南市产业发展分析

1.8.1　济南市产业发展现状

1.8.1.1　济南市企业分布情况

对济南市相关再制造企业进行筛选，共筛选出 44 家，其中注册时间超过 10 年的企业有 21 家，占比为 47.7%；注册资本超过 1000 万元的有 28 家，注册资本最高的企业为中国重汽集团济南动力有限公司；拥有企业最多的区县为莱芜区，拥有 7 家；其次为高新区，拥有 6 家。具体如表 1-13 所示。

表 1-13　济南市再制造相关企业

序号	企业名称	注册资本	成立日期	所属区县
1	济南萱谋机械再制造有限公司	500 万元	2020 年 5 月	济阳区
2	济南钛羽再制造有限公司	100 万元	2022 年 1 月	莱芜区
3	莱芜盛鼎特殊冶金材料再制造有限公司	1000 万元	2005 年 6 月	钢城区
4	济南济重海瑞克大盾构再制造技术有限公司	2000 万元	2020 年 12 月	历城区
5	山东德特机械再制造研究院	50 万元	2014 年 12 月	天桥区
6	山东世纪永安工程机械服务有限公司	700 万元	2012 年 7 月	章丘区
7	上海锦持汽车零部件再制造有限公司山东分公司	—	2022 年 1 月	市中区
8	中国重汽集团济南复强动力有限公司	8114.9 万美元	1995 年 1 月	章丘区
9	山东宜修汽车传动工程技术有限公司	1000 万元	2010 年 4 月	莱芜区
10	济南锐安机械设备有限公司	800 万元	2014 年 3 月	章丘区
11	济南集金圆进出口贸易有限公司	8000 万元	2016 年 12 月	高新区
12	山东骏泰工程机械股份有限公司	3000 万元	2011 年 6 月	高新区
13	济南星驰汽车贸易有限公司	100 万元	2010 年 2 月	章丘区
14	山东欣宏环保科技有限公司	5000 万元	2017 年 5 月	商河县
15	莱芜鑫风发自动化设备有限公司	600 万元	2017 年 11 月	钢城区
16	智慧车服（山东）汽车科技有限公司	1000 万元	2019 年 11 月	莱芜区
17	济南宝凯物流有限公司	100 万元	2012 年 5 月	章丘区
18	济南磊正新型材料有限公司	1026.03 万元	2007 年 11 月	商河县
19	山东佳驰物流有限公司	500 万元	2020 年 12 月	章丘区
20	莱芜环球汽车零部件有限公司	1467.7625 万美元	2003 年 3 月	莱芜区
21	博世汽车转向系统（济南）有限公司	18 956.25 万元	2005 年 10 月	历城区

续表

序号	企业名称	注册资本	成立日期	所属区县
22	山东万孚智能装备有限公司	1000 万元	2020 年 2 月	长清区
23	山东省章丘鼓风机股份有限公司	31 200 万元	1991 年 5 月	章丘区
24	山东镭研激光科技有限公司	1200 万元	2020 年 5 月	高新区
25	济南韶欣耐磨材料有限公司	2800 万元	2008 年 10 月	历城区
26	济南金太阳石化装备有限公司	2000 万元	2016 年 4 月	长清区
27	山东路通汽车销售服务有限公司	5000 万元	1999 年 6 月	章丘区
28	广州安中再生资源回收有限公司山东分公司	—	2019 年 7 月	槐荫区
29	济南韶欣耐磨材料有限公司莱芜分公司	—	2019 年 12 月	莱芜区
30	济南恒侨力德新型材料有限责任公司	500 万元	2017 年 9 月	商河县
31	水发众兴集团有限公司	234 122.63 万元	2008 年 2 月	历城区
32	济南智汇建筑工程有限公司	500 万元	2020 年 5 月	高新区
33	山东鸿阳天达动力科技有限公司	1000 万元	2018 年 8 月	高新区
34	山东鹏泰环保建材有限责任公司	300 万元	2019 年 9 月	莱芜区
35	济南市民本实业有限公司	5000 万元	2016 年 8 月	钢城区
36	山东万洁新能源科技有限公司	2000 万元	2017 年 10 月	长清区
37	莱芜区慧通机械设备有限公司	1000 万元	2019 年 8 月	莱芜区
38	山东鑫茂奥奈特复合固体润滑工程技术有限公司	2000 万元	2014 年 9 月	天桥区
39	济南东升热力设备有限公司	800 万元	2006 年 1 月	长清区
40	中国石油集团济柴动力有限公司	576 640 万元	1991 年 5 月	长清区
41	莱芜钢铁集团有限公司	513 255 万元	1999 年 5 月	钢城区
42	中国重汽集团济南动力有限公司	671 308 万元	2006 年 4 月	章丘区
43	山东中车风电有限公司	5387 万元	2009 年 7 月	高新区
44	济南天业工程机械有限公司	22 000 万元	2002 年 10 月	槐荫区

1.8.1.2 济南市龙头企业分析

（1）济南天业工程机械有限公司

济南天业工程机械有限公司是沃尔沃建筑设备品牌经销商，成立于 2002 年，是中国唯一一个沃尔沃建筑设备总部入股的授权经销商，主要负责沃尔沃建筑设备在山东省、河北省的销售业务。旗下已拥有符合沃尔沃建筑设备全球标准销售服务模式的店面及分公司，以及沃尔沃总部认证的再生循环中心。除此之外，公司还拥有瑞典山特维克矿山工程机械的销售权。

济南天业工程机械有限公司可提供贯穿整个建筑设备生命周期的全方位服务，经过十几年的变迁与发展，销售累计突破百亿元。具备整机销售、维修服务、配件供应、循环再生、工程承包及设备租赁、二手车置换、金融支持、挖掘机手培训八位一体的业务综合解决能力，成为工程机械应用综合解决方案的现代服务商。

（2）济南重工股份有限公司

济南重工股份有限公司始建于 1949 年，占地面积达 410 000 平方米，现有职工近 2000 人，总资产 40 亿元。公司下设铆焊、机械加工等专业生产厂，拥有各种国内先进的大型生产设备 300 多台，加工制造实力雄厚。

公司主要产品包括电力设备、矿山设备、脱硫设备、冶金设备、水泥设备、隧道掘进设备等。主导产品钢球磨煤机在国内市场占有率居首位，并获得了中国名牌产品称号，电厂烟气脱硫设备在国内市场名列前茅，无缝钢管生产线和日产 5000 吨以上水泥设备生产线实现了国产化零的突破，并达到国际先进水平。

截至目前，济南重工股份有限公司已制造各类规格的盾构机 54 台（套），除满足济南地铁建设需求外，已成功运用于福州、广州、北京、杭州、深圳等省外市场。以轨道交通建设装备研发制造为基础，深入发展智能制造高端装备、轨道交通运营维护装备、地下空间建设装备设计生产与销售租赁，加快推进盾构施工新型材料、隧道预制管片及轨道板、运营减振降噪、轨道智能运维与检测等上下游相关产业，形成园区发展合力。

（3）中国重汽集团济南复强动力有限公司

中国重汽集团济南复强动力有限公司（简称"复强公司"）是一家从事发动机再制造的中英合资企业。企业中方为中国重型汽车集团有限公司，外方为英国 R.A. Lister Overseas Investment Holdings Ltd.，双方投资比例为 51%：49%。其中，英国森威公司（Sandwell）——英方全资子公司，是一家英国专业化发动机再制造公司，它为 FORD 公司旗下的 LAND ROVER 公司提供各种再制造发动机和零部件。

1994 年 1 月 4 日复强公司在机械工业部立项，1994 年 11 月 11 日经外经贸部（现商务部）批准，并于 1995 年 1 月 14 日在济南市工商行政管理局登记注册成立，1998 年正式投入运营。它是目前国内第一家真正的汽车发动机再制造公司，2005 年 10 月被国家六部委（国家发展改革委、国家环保总局、科技部、财政部、商务部、国家统计局）确定为国家循环经济首批示范单位。

复强公司全套引进欧美各国再制造专用设备，严格按照欧美模式和标准建立起技术、生产、供应和营销体系，现已通过 ISO9001：2000 质量管理体系认证，同时正在推行 TS16949 质量管理体系，是一家高起点、专业化、环保型、具有国际水准的汽车发动机再制造公司。再制造产品都严格按照再制造工艺和严格的检验、试验标准进行生产，确保了再制造产品的质量等同新品。

复强公司是目前亚洲唯一一家北美发动机再制造协会（PERA）的会员，也是国家再制造技术研发基地——装备再制造技术国防科技重点实验室的科研教学实践基地。

经过几年的发展和壮大，公司目前已经形成斯太尔、康明斯、大柴 6110、朝柴 6102 等十几个系列 20 多个品种再制造发动机产品，年生产各类再制造发动机 15 000 台，产品作为维修配件流通使用。随着市场的不断扩大，为适应循环经济的大发展，2005 年复强公司投入 1.5 亿元用于扩大生产规模。2005 年年底公司喜迁新址，新的生产基地坐落在风景优美、交通便利的济南东部新城章丘市重汽工业园。新生产基地新上年产 50 000 台（套）发动机配件生产线，发动机再制造能力将陆续达到年产 50 000 台。

目前公司员工 800 余人，是一支勇于创新、顽强拼搏、团结奋进、充满活力的年轻团队，高层管理人员在国内外不断接受管理新观念、新方法培训，成为业内管理专家；中层管理者均在英方公司接受过管理培训，并不断接受相关专业培训，成为公司发展的栋梁。复强公司拥有一支踏实肯干、技术过硬的技术工人队伍，每位工人都接受岗前、岗中技术培训，并且定期接受公司的技能考核。

复强公司通过产学研结合和探索创新，将自主研发的表面工程、无损检测和剩余寿命评估等再制造关键技术应用于再制造生产，大大提升了再制造产品的品质，产品整体性能不低于原型新品要求，实现节约成本50%、节材70%、节能60%以上。

（4）山东中车风电有限公司

山东中车风电有限公司是中国中车股份有限公司投资打造的国内一流大型风电装备制造企业，专业从事风力发电装备及配件的生产及销售，风力发电装备及配件的技术开发、技术转让、技术咨询、技术服务，风电场建设运营业务的技术咨询服务；具备年产1500套1.5～6MW风力发电机组的能力。

拥有全功率风电整机试验站、半实物仿真平台、变桨试验台等国际先进的试验测试设备和仿真验证平 同市场的需要。已批量装机的风力发电机组运行稳定可靠；6.0MW海上风力发电机组全面进入样机试制阶段。

质量管控延伸至外购零部件的设计、选材，以及元器件配置、风电场设计及安装调试、运行维护等所有环节，实现了质量管控产业链全覆盖。

拥有一支高效的运维服务技术团队，配有远程集中监控中心和专家诊断系统，具备为用户提供风电机组全生命周期技术服务的能力。

1.8.2 济南市产业政策环境

2020年济南市人民政府在《关于加快建设工业强市的实施意见》中提出：

逐年提升工业对全市经济的基础支撑作用，工业增加值占GDP比重提高到30%以上。到2025年，工业营业收入突破万亿元，巩固提升工业基础地位，形成产业结构优、创新能力强、质量效益好、集约水平高、发展模式新、融合程度深、本质安全水平高、开放层次高的先进制造业和数字经济发展高地。

构建绿色制造体系，推行绿色生产方式，淘汰落后产能，推动绿色产品、绿色工厂、绿色园区和绿色供应链全面发展，到2022年创建市级以上绿色工厂200家以上，绿色园区（集聚区）15个以上；推动工业绿色化改造，全市单位工业增加值能耗、污染物排放量、用水量明显下降，节能减排主要指标行业领先。

着力发展智能制造、绿色制造、服务型制造，加快产业转型升级。坚持智能制造主攻方向，持续推动工业互联网、人工智能、5G等新一代信息技术在制造业领域的创新应用，加快企业数字化、网络化、智能化升级步伐，推动工业化和信息化在更广范围、更深程度、更高水平上实现融合发展。实施绿色制造工程，推动园区和企业开展清洁生产、节能技术改造，循环化改造。深化制造与服务协同发展，大力发展和推广个性化定制、全生命周期管理、网络精准营销和在线支持服务等服务型制造新模式。

1.8.3 济南市创新资源状况

山东大学机械工程学院

机械工程是国家"211工程"及"985工程"重点建设学科，是山东大学双一流建设学科（学科名称：材料与加工制造），工程学（含机械学科）ESI排名前0.34‰，2021年机械/航空制造学科QS排名251～300位（全国第21位）、软科（机械学科）排名全国第23位、中国科教评价网（机械学科）排名全国第18位。"机械制造及其自动化"是国家重点学科，"机械电子工程"、"机械设计及理论"和"化工过程机械"是山东省重点学科。

山东大学机械工程学院拥有高速切削加工与刀具、磨粒水射流加工科技部创新团队、高效洁净机械制造教育部重点实验室、国家级机械基础实验教学示范中心、国家虚拟仿真实验教学中心和山东大学—山东临工国家级工程实践教育中心。学院设有3个系、8个研究所和1个实验中心。建设了高效切削加工、特种设备安全、CAD、石材、冶金设备数字化、智能制造与控制系统和绿色制造7个省级工程技术中心，以及生物质能清洁转化省工程实验室、绿色制造省高等学校重点实验室、山东省工业设计中心及山东大学增材制造研究中心等10余个校级研究中心。学院拥有基本满足从本科教学到博士生培养及科研所需要的各类高精尖科研实验仪器和设备，设备总值1.5亿元。

1.9　济南市产业发展研判

1.9.1　发展特色与优势

1.9.1.1　传统产业链条完整

济南市新旧动能转换加速，重点产业做大做强，现代产业体系日益完备。长时间以来，济南市一直是我国重要的装备制造业基地，智能制造与高端装备产业有着雄厚的实力。

目前，济南市装备制造业拥有规模以上企业 700 家，从业人员 10 万人，总资产 536 亿元，完成工业增加值 248 亿元，主营业务收入 782.5 亿元，利税 94 亿元，出口创汇 16.2 亿美元。其中，销售收入、增加值和利税分别占全市规模以上工业的 21.1%、22.6%、25.9%。分别拥有国家级、省级和市级技术中心 4 家、11 家和 24 家，工程技术中心 10 家，中国、山东和济南名牌产品 5 个、16 个和 17 个。

济南市装备制造业具有 4 个方面的产业优势：一是产业基础雄厚，拥有二机床集团、一机床集团、柴油机厂、锅炉集团、齐鲁电机、变压器集团、法因数控公司等骨干企业群体，在锻压设备、数控机床、发电设备、变压器、内燃机等重型机械制造领域，制造技术到达国内领先水平。二是市场占有率较高。锻压设备生产已跻身于世界排名前 5 位，国内市场占有率达到 80%；中型汽轮机、循环流化床锅炉、大功率柴油机、万能试验机、大型磨煤机等在全国同行业市场占有率排名中居第 1 位；大型数控机床、电力设备市场份额较高。三是重点骨干企业技术装备水平较高，60% 达到国内先进水平，其中 32% 达到国际先进水平；新增设备投资的 50% 以上用于引进具有国际先进水平的各类加工及检测设备。四是技术创新能力较强，各级企业技术中心和工程技术研究中心不断增多，拥有一批具有自主知识产权的高新技术产品，在关键设备制造领域打破了国外的封锁和垄断，新产品比重持续增长，对总产值的贡献率达到 35%以上。

1.9.1.2　创新资源丰富

人才是城市、产业发展的底气，谁能培养和吸引更多优秀的人才，谁就能在再制造产业的竞争中占据优势。济南作为山东省内经济发达地区，有广阔的就业前景，对人才的吸引力大。根据数据统计，在 2021 年上半年山东省市场化就业人才吸引指数城市排名中，济南成为最具吸引力的城市，人才吸引力指数为 13.03，而第二、第三名的青岛、烟台的人才吸引力指数为 12.22 和 6.59。具体如图 1-11 所示。

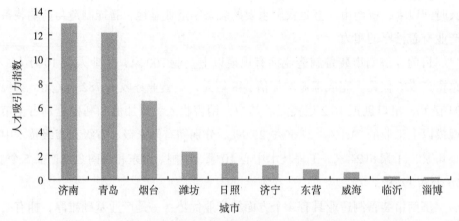

图 1-11　2021 年上半年山东省市场化就业人才吸引指数城市排名

1.9.1.3　市场潜力大

2020 年在济南市机动车保有量分成中轿车的保有量为 2 332 421 辆，占比为 81.68%，在总数中占比最高；摩托车保有量为 258 382 辆，占比为 9.05%；大型客车保有量为 15 767 辆，占比为 0.55%；重型货车保有量为 41 904 辆，占比为 1.5%。矿山专用设备 6.4 万吨，金属切削机床 10 613 台，济南重工已制造各类规格的盾构机 54 台（套），除满足济南地铁建设需求外，已成功运用于福州、广州、北京、杭州、深圳等省外市场，市场规模巨大。

1.9.2　发展中存在的问题与不足

1.9.2.1　废旧资源综合利用行业有所发展，但速度不快

废旧品交易及利用情况是再制造产业发展的重要体现。随着济南市人民政府对循环经济的重视及相关政策的出台，济南废旧品综合利用效率有所提高，不仅出现了诸如济南废旧金属交易市场等一些专业化的废旧品交易市场，而且

赶集网、百姓网等门户网站也出现了专门的废旧品回收交易模块。尽管废旧资源综合利用行业已被正式列入工业体系，但从 2016 年创造的工业总产值的角度看，该行业在工业体系中所占的比重仅为 0.16%，可以说微不足道。近 5 年来，济南废旧资源综合利用行业总体来讲有所发展，但发展速度并不是很快，并且出现了一定波动。济南专业化废旧资源综合利用行业总体吸引力不够。

1.9.2.2　产业相关法律政策不健全、不具体

尽管在多个政策文件中提及支持绿色（再）制造产业的发展，但大多停留在产业规划方面，缺乏促进绿色（再）制造产业发展的具体可操作政策，大大限制了济南绿色（再）制造产业的发展。

产业政策缺失的突出表现是缺乏技术标准支持。技术标准是产业发展的游戏规则。首先，目前我国在再制造领域两项关键的标准：报废标准和产品质量标准，至今还没有国家标准出台，在规则和保障上阻碍了再制造业务的开展。同时，一些现行产业政策在很大程度上束缚了再制造产业的发展。其次，没有制定详细的再制品目录。尽管国外和我国都制定了相关再制造产品目录，但在济南这样一个再制造产业基础并不十分发达的地区，发展再制造业必须要在一些重点领域先行开展，然后才能加以推广，而现在济南关于循环经济的相关政策中缺乏可开展再制造业务的具体产品目录，这使再制造产业发展的方向并不十分明确。

1.9.2.3　缺乏行业龙头

近年来，山东再制造产品技术研发实力不断加强，一批再制造技术创新中心纷纷在各高校成立，开展不同领域再制造的研发工作。例如，山东大学工程学院等科研中心面向全国，协同政产学研各方资源及力量，合力构建高端智能装备先进制造与再制造工程的创新机制与模式，共同开展高端智能装备先进制造与再制造工程关键技术的攻关与开发，大大加强了再制品自主创新能力和自主知识产权能力，为山东再制造产业的发展打下了良好的技术基础。

尽管再制造技术研发中心的数量不断增加，自主研发方面也取得了一定成果，但总体而言，技术创新体系并不完整，投入实际再制造的研发力量仍然比较薄弱，并且这些研究中心现在的主要精力仍然花费在理论研究方面，对于再制造新技术实践应用方面的经验非常缺乏。因此，很少有制造企业能真正掌握再制造所必需的诸如表面工程、激光修复等复杂技术。济南除了几家企业零星

涉及再制造业务（如济南天业）外，没有培养起真正的再制造骨干企业，自然也无法支撑起整个再制造产业体系。

1.9.2.4 社会认同度不高

随机抽取 1000 人进行相关市场问卷调查，包括高校在校生、相关从业人员等，调研结果显示，仍会选择新产品和表示中立的人员占比达到 32.6% 和 24.6%，有 12.8% 和 11.4% 的人表示支持与会购买，仅有 8.2% 的人认为再制造产品是环保的，还有 10.4% 的人怀疑再制造产品的质量，从中可以看出对于再制造产品，人们仍然没有足够的了解，认同度不高（图 1-12）。

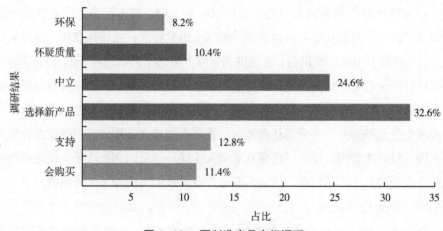

图 1-12　再制造产品市场调研

第2章 机械绿色（再）制造产业专利导航分析

2.1 相关专利检索

2.1.1 检索技术边界定义

2.1.1.1 技术边界定义

绿色制造架构可分为绿色设计、绿色工艺技术、绿色包装技术、绿色回收处理技术、绿色再制造技术 5 项技术，其中绿色再制造技术尤为关键。

再制造是以废旧产品全生命周期设计和管理为指导，以实现其性能跨越式提升为目标，以优质、高效、节能、节材、环保为准则，以先进技术和产业化生产为手段，对废旧产品实施回收、拆解、清洗、检测、修复、改造或再生、装配、测试检验等一系列技术措施或工程活动的总称。

2018 年 11 月，国家统计局发布了《战略性新兴产业分类（2018）》，在战略性新兴产业——城乡生活垃圾与农林废弃资源利用设备制造中的再制造重点产品包括机床再制造、办公设备再制造、工程机械再制造和汽车零部件再制造等。

2.1.1.2 技术分解表

技术分解如表 2-1 所示。

表2-1 技术分解

一级技术分支	二级技术分支	三级技术分支
关键技术环节	检测评估技术	阻抗检测
		射线检测（三维辐射CT）
		金属磁记忆（磁粉检测）
		超声检测（超声相位阵）
		渗透检测
		涡流检测
		综合评估
	清洗技术	热能清洗技术
		流液（浸液）清洗技术
		压力清洗技术
		摩擦与研磨清洗技术
		超声波清洗技术
		电解清洗技术
		化学清洗技术
		生物酶清洗技术
		高温炉清洗技术
	修复技术	电刷镀技术
		化学镀技术
		电镀技术
		激光再制造技术
		喷涂技术
		焊接技术
		机床加工
		表面改性技术
	新兴技术	增材再制造技术
		虚拟再制造技术
		自修复技术
	其他技术环节	

续表

一级技术分支	二级技术分支	三级技术分支
拆解与回收	装配	
	拆解	
	回收	逆向物流
应用领域	新能源设备再制造	风力发电机组再制造
	工程机械再制造	盾构机再制造
		液压产品再制造
	机床再制造	
	轨道交通装备再制造	
	汽车零部件再制造	新能源汽车电池回收
	其他领域再制造	

2.1.2　检索关键词及其检索策略

2.1.2.1　检索关键词

不同技术分支检索关键词统计如表 2-2 所示。

表 2-2　不同技术分支检索关键词统计

技术分支	关键词	分类号
关键技术环节	渗硫、渗氮、离子强化沉积、氮碳共渗、淬火、热喷涂、喷丸、高能束、气相沉淀、喷熔、微脉冲冷焊、化学镀、热喷涂层、喷涂、电刷镀、堆焊、焊接、激光熔覆、电镀、热能清洗、流液清洗、浸液清洗、压力清洗、超声波清洗、电解清洗、高温炉清洗、无损检测、渗透检测、磁粉检测、超声波检测、涡流检测、磁记忆检测、熔射	C23C G01N B23P B23K B33Y
拆解与回收	逆向物流、回收、拆解、自动化、序列、击卸、拉拔、顶压、温差、渗油、拆卸 、序列、互换、装配、选配、调整	B09B G06Q
应用领域	机械、车辆、新能源、机车、盾构机、机床、风力发电、高铁、车床、刨床、铣床、磨床、镗床、加工中心、钻床、汽车、发动机、变速箱、发电机、起动机、转向器、液压、柴油机、泵、阀、风机、飞机、航空、轨道车辆	B23 B60 B61

2.1.2.2　检索策略

为保障检索结果的全面性和准确性，采取了以下策略。

① 在本项目的检索式之外，对重点申请人和发明人单独进行针对性检索，通过阅读和对比，观察其再制造技术的专利申请纳入本项目的检索结果范围的程度，从而对检索式进行相应调整和完善。

② 在检索关键词的选取上，一方面通过技术专家提供一些关键词；另一方面通过实质范畴、含义、语法、效果等多方面对关键词进行扩展（如上位词、下位词、同义词、缩写词等），以保障各种撰写形式均落入检索结果范围之内，以确保查全率和查准率。

③ 在单篇专利文献内容的检索范围上，根据该领域关键词检索结果的准确性和分析效率，统一确定根据各级技术分支的关键词对名称、摘要和权利要求进行检索。

④ 关键词在表达方面存在无法穷举的缺陷，却能够依靠分类号的全面来弥补。目前，常用的分类号有 IPC、CPC、FI/F-Term、EC、ICO、UC、DC/MC 等，在不同分类号体系中技术要素的表达不同，本报告采用 IPC 分类号进行检索，确保检索到专利的技术领域为本报告涉及的技术领域，即定义检索技术边界。

⑤ 考虑到专利申请人/专利权人的名称变化、收购等情形，对部分专利申请人的专利进行了合并处理。

⑥ 主要申请人检索策略：对国内外的主要申请人及其子公司进行追踪检索。

2.1.2.3　主要检索式

① 回收：FULL=（再制造 OR "Remanufacture"）AND（（FULL=（（逆向物流 OR "Reverse logistics" OR 调度 OR 回收））））

② 拆解：FULL=（再制造 OR "Remanufacture"）AND（（FULL=（（拆解 OR 自动化 OR 序列 OR 机械 OR 拉拔 OR 顶压 OR 温差 OR 渗油 OR 拆卸）））））

③ 装配：FULL=（再制造 OR "Remanufacture"）AND（（TIAB=（（互换 OR 装配 OR 选配 OR 调整）））））

④ 应用领域：FULL=（再制造 OR "Remanufacture"）AND（（FULL=（（机

械 OR 车辆 OR 新能源 OR 机车 OR 盾构机 OR "construction machinery" OR 机床 OR 风力发电 OR 高铁 OR 车床 OR 刨床 OR 铣床 OR 磨床 OR 镗床 OR 加工中心 OR 钻床 OR 汽车 OR 发动机 OR 变速箱 OR 发电机 OR 起动机 OR 转向器 OR 液压 OR 柴油机 OR 泵 OR 阀 OR 风机 OR "agricultural machinery" OR "excavator" OR "crane"）））)

⑤绿色检测技术：FULL=（再制造 OR "Remanufacture"）AND（（FULL=（（无损检测 OR 渗透检测 OR 磁粉检测 OR 超声波检测 OR 涡流检测 OR 磁记忆检测 OR 射线检测 OR 质量检测 OR 损伤检测 OR 缺陷检测 OR 疲劳检测 OR 阻抗检测 OR 三维辐射 OR 金属磁记忆 OR 超声相位阵））))

⑥绿色寿命（质量）评估：FULL=（再制造 OR "Remanufacture"）AND（（FULL=（（寿命预测 OR 生命周期 OR 寿命评估 OR 疲劳设计 OR 疲劳强度 OR 质量控制 OR 磨合 OR 试运转 OR 过程控制 OR 疲劳寿命 OR 退役）)))

⑦绿色清洗：FULL=（再制造 OR "Remanufacture"）AND（（FULL=（（热能清洗 OR 流液清洗 OR 浸液清洗 OR 压力清洗 OR 超声波清洗 OR 电解清洗 OR 高温炉清洗 OR 化学清洗 OR 生物酶清洗 OR 研磨清洗）)))

⑧修复技术：FULL=（再制造 OR "Remanufacture"）AND（（FULL=（（低温离子渗硫 OR 渗氮 OR 离子强化沉积 OR 氮碳共渗 OR 淬火 OR 热喷涂 OR 喷丸 OR 高能束 OR 气相沉淀 OR 喷熔 OR 微脉冲冷焊 OR 钎焊 OR 电阻点焊 OR 气焊 OR 弧焊 OR 化学镀 OR 还原剂 OR 缓冲剂 OR 络合剂 OR 稳定剂 OR 表面活性剂 OR 热喷涂层 OR 喷涂 OR 电刷镀 OR 堆焊 OR 焊接 OR 激光熔覆 OR 电镀 OR 熔射）))))

⑨再制造技术：FULL=（再制造 OR "Remanufacture"）AND（（FULL=（（低温离子渗硫 OR 渗氮 OR 离子强化沉积 OR 氮碳共渗 OR 淬火 OR 热喷涂 OR 喷丸 OR 高能束 OR 气相沉淀 OR 喷熔 OR 微脉冲冷焊 OR 钎焊 OR 电阻点焊 OR 气焊 OR 弧焊 OR 化学镀 OR 还原剂 OR 缓冲剂 OR 络合剂 OR 稳定剂 OR 表面活性剂 OR 热喷涂层 OR 喷涂 OR 电刷镀 OR 堆焊 OR 焊接 OR 激光熔覆 OR 电镀）)))

⑩补充：TIAB-DWPI=（机械 OR 车辆 OR 新能源 OR 机车 OR 盾构机

OR 工程机械 OR 机床 OR 风力发电 OR 高铁 OR 车床 OR 刨床 OR 铣床 OR 磨床 OR 镗床 OR 加工中心 OR 钻床 OR 汽车 OR 发动机 OR 变速箱 OR 发电机 OR 起动机 OR 转向器 OR 液压 OR 柴油机 OR 泵 OR 阀 OR 飞机 OR 航空 OR 船 OR 轨道车辆）AND TIAB-DWPI=（无损检测 OR 渗透检测 OR 磁粉检测 OR 超声波检测 OR 涡流检测 OR 磁记忆检测 OR 射线检测 OR 质量检测 OR 损伤检测 OR 缺陷检测 OR 疲劳检测 OR 阻抗检测 OR 三维辐射 OR 金属磁记忆 OR 超声相位阵）AND（（IPC-MAIN=（（G01 M OR G01 N OR G01 T7 OR G06 T7）））））

注解：AND 表示逻辑"与"运算；OR 表示逻辑"或"运算；NOT 排除符号后面的关键词。

2.1.3　文献检索范围

文献检索范围统计如表 2-3 所示。

表 2-3　文献检索范围统计

序号	简称	数据库	检索字段
1	SIPO	中国国家知识产权局	名称、摘要、权利要求、说明书
2	CNIPR	中国知识产权信息网	名称、摘要、权利要求、说明书
3	WIPO	世界知识产权局	专利族、法律状态
4	USPTO	美国专利商标局	引文、法律状态
5	EPO	欧洲专利局	专利族、引文、法律状态
6	PSS	收录 103 个国家、地区和组织的专利数据，涵盖中国、美国、日本、韩国、英国、法国、德国、瑞士、俄罗斯、欧洲专利局和世界知识产权组织等	名称、摘要、权利要求、说明书、引文、同族、法律状态等数据信息

检索时间范围：公开日自 1985 年 4 月 1 日起至 2022 年 3 月 1 日。

2.1.4　数据处理

本报告分别检索了再制造修复技术、失效检测技术等专利文件。由于相关技术应用不仅仅局限于此领域，检索过程必然会引入不太相关的专利文献，因此，本次分析针对检索到的专利文献进行去噪。去噪的方法包括软件主分类号筛选和人工去噪，本次分析报告中由于主分类号筛选去噪的效果不明显，所以本报告将检索到的专利数据全部经过人工逐篇去噪，最终共计筛选到再制造方面的专利 15 673 项。其中，国内专利申请 8254 项、国外专利申请 7419 项。

① 查全性评估，查全率 = 检索到的符合目标需求的专利数量 / 现存专利中符合目标需求的全部专利数量，我们选取"芜湖鼎瀚再制造技术有限公司"和"山东能源重装集团大族再制造有限公司"，芜湖鼎瀚再制造技术有限公司共计在此技术领域申请专利 206 项，在检索结果中命中该公司相关专利 197 项，其查全率为 95.6%；山东能源重装集团大族再制造有限公司共申请专利 79 项，在检索结果中命中该公司相关专利 73 项，其查全率为 92.4%。通过该方式对查全性进行评估。

② 查准率评估，查准率 = 检索到的符合目标需求的专利数量 / 检索到的全部专利数量。我们选取"2018 年全球的清洗技术相关的专利"作为样本，专利数量为 128 项，逐篇阅读文献，确定符合"清洗技术"检索主题的专利数量为 119 项，查准率约为 92.9%；同样地，我们选取具体年限的其他二级分支的专利进行逐篇阅读，查准率均高于 90%。

③ 在保证查全率和查准率满足要求，且尽可能高的前提下，终止检索，检索结果作为后续导航分析的基础数据。

本次报告查全率约为 94.2% 且查准率约为 92.9%，考虑到技术更新与升级相对频繁的实际特征，本次检索的时间范围是 1985 年 4 月 1 日至 2022 年 3 月 1 日。经过不懈的努力，检索结果已经具备了统计意义，但鉴于专利申请在申请日和公开日之间具有一定的时间差（例如，我国《专利法》第三十四条规定国务院专利行政部门收到发明专利申请后，经初步审查认为符合本法要求的，自申请日起满十八个月，即行公布），在一些统计图表中会观察到 2020 年、2021 年的个别数据明显下降，这是由于众多专利还未公开的缘故。

2.2 机械产品绿色（再）制造产业专利总体分析

2.2.1 产业链与专利布局关联度

2.2.1.1 从社会环境角度揭示产业链与专利布局关联度

1950—1979 年美国基建快速发展，CAGR（年复合增长率）达到 7.8%，城镇化率从 1950 年的 64.15% 提升至 1980 年的 73.74%，再制造产业专利数量呈现波动型增长，1989 年美国颁布《再制造法案》之后再制造产业迅速增长。

马歇尔计划（1947—1951 年）[①]期间德国专利开始出现规模申请，至 1990 年两德合并专利年申请量呈现爆发式增长；日本相关专利申请自 1975 年颁布《废弃物处理法》开始出现，得益于逐步的政策刺激，专利规模迅速扩大，2000 年后随着日本汽车工业低迷相关专利年申请量又开始迅速下降（图 2-1）。

图 2-1　全球主要国家产业相关专利年申请量

总体来看，再制造产业专利布局（申请量），对社会环境重要节点反应明

[①]　第二次世界大战结束后美国对被战争破坏的西欧各国实行经济援助、协助重建的计划，西欧各国通过参加经济合作与发展组织（OECD）共计接受援助 131.5 亿美元。

显，与其息息相关，在专利规模（产业规模）较小时，政策刺激会快速促进增长；反之，随着规模扩大，市场对其影响则越来越大（参考德国与日本）。

2.2.1.2　从产业转移角度揭示产业链与专利布局关联度

全球范围内出现过 4 次大规模的制造业迁移（详见第 1 章第 1.5.2 节）。

伴随着全球制造业产业转移，再制造产业也随之发生转移，从再制造产业专利五局流向图来看（图 2-2），第 2 次制造业转移与第 3 次制造业转移主导国美国与日本为最大。

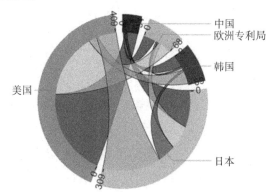

图 2-2　再制造产业专利五局流向

2.2.1.3　从企业地位角度揭示产业链与专利布局关联度

以全球工程机械龙头企业卡特彼勒为例进行分析。

1980—2000 年卡特彼勒公司的管理组织开始出现僵化，官僚作风兴起，效率低下，公司因此进行了管理上的变革。卡特彼勒公司开始着手进行商业模式的变革，从单纯的价格竞争、服务竞争逐渐转变为涉及整个价值链的全价值链竞争，目的是为客户提供包括产品设计、零配件服务、物流服务、制造、供应链、分销、金融服务、再制造服务在内的整体解决方案。

随着近年来的发展，卡特彼勒公司已经是一家全球领先的服务供应商，旗下拥有卡特彼勒金融服务、卡特彼勒再制造服务、卡特彼勒物流服务和铁路服务公司，卡特彼勒公司可以给客户提供以产品为核心的整体服务方案。

在此期间其主要产品市场集中在美国与中国，并逐渐对其他地区进行扩散，从其再制造相关专利各局申请可以看出其专利申请与其产品市场区域基本一致（图2-3）。

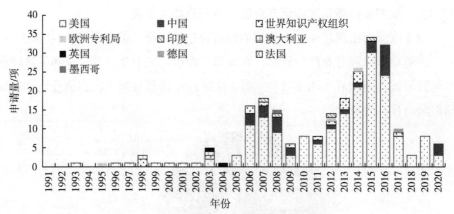

图 2-3　卡特彼勒再制造相关专利各局申请

卡特彼勒于 2004 年投资天津威斯特机械设备有限公司作为其在中国再制造产业发展的第一步，第一次专利申请发生在 2006 年，产品链构建与专利布局时间区域吻合，体现了产业链与专利布局息息相关。

同时注意到伴随着中国专利申请开始，美国相关专利申请开始激增，而美国市场已经相对成熟，推测可能是其在跨国发展过程中将专利技术作为提高产品竞争力的重要手段，用于增强其市场控制力。

2.2.2　专利控制力揭示产业发展方向

2.2.2.1　产业发达国家专利分布

从第 1 章分析可以得出，美国、德国、日本再制造业较为发达，对其在各个技术分支的专利进行统计，具体如表 2-4 所示。

表 2-4 美国、德国与日本专利数量分布统计

单位：项

技术分支	美国	德国	日本
修复技术	512	245	104
其他领域再制造	452	223	60
汽车零部件再制造	341	246	65
检测评估技术	302	87	94
其他技术环节	188	96	37
回收	171	30	30
工程机械再制造	171	78	59
机床再制造	95	26	23
拆解	25	7	2
装配	20	11	1
清洗技术	29	6	4
新兴技术	50	4	4
总数	2228	1033	454

注：各技术分支之间专利数量有一定重合部分。

其中，美国申请专利最多的 4 个分支分别是修复技术占 22.98%、其他领域再制造（包含轨道交通装备再制造、航空装备再制造等）占 20.29%、汽车零部件再制造占 15.31%、检测评估技术占 13.55%；德国专利申请最多的 3 个分支分别是修复技术占 23.72%、其他领域再制造占 21.59%、汽车零部件再制造占 23.81%；日本申请专利最多的 4 个分支分别是修复技术占 22.91%、其他领域再制造占 13.22%、汽车零部件再制造占 14.32%、检测评估技术占 20.70%。从以上 3 个国家专利分布可以看出，修复技术与检测评估技术是最为核心的技术环节，而在应用领域上，其他领域再制造如轨道交通装备再制造、航空设备再制造、办公设备再制造的专利申请量已经同汽车零部件再制造相当，工程机械再制造与机床再制造专利申请量较少。

2.2.2.2 龙头企业专利布局

全球高价值专利拥有量最多的企业分别是 CATERPILLAR INC. 拥有 106件、中国人民解放军装甲兵工程学院拥有 91 项、UNITED TECHNOLOGIES

CORPORATION 拥有 78 项、沈阳大陆激光技术有限公司拥有 61 项、山东能源重装集团大族再制造有限公司拥有 54 项、安徽鼎恒再制造产业技术研究院有限公司拥有 52 项、中国人民解放军陆军装甲兵学院拥有 50 项、浙江工业大学拥有 50 项、河北瑞兆激光再制造技术股份有限公司拥有 48 项、SIEMENS AG 拥有 46 项。对其专利申请布局进行分析，如图 2-4 所示。

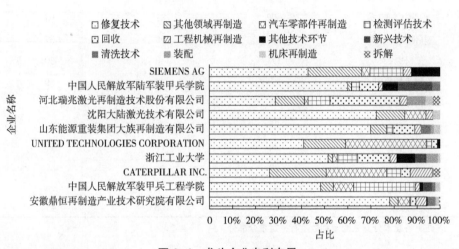

图 2-4　龙头企业专利布局

从图 2-4 可以看出，此项技术领域高价值专利拥有量排名前十的申请人，在修复技术上的布局大部分超过 40%，沈阳大陆激光技术有限公司、山东能源重装集团大族再制造有限公司、安徽鼎恒再制造产业技术研究院有限公司 3 家企业更是超过 60%，应用领域主要集中在汽车零部件再制造与其他领域再制造（包含轨道交通装备再制造、航空装备再制造等）。卡特彼勒公司专利布局较为均衡，技术链较为完善。

2.3　机械产品绿色（再）制造产业专利分支分析

2.3.1　关键技术环节

2.3.1.1　总体趋势分析

对涉及关键技术环节的专利进行了检索分析。共检索到相关专利 7589 项，其中，审中专利 745 项、有效专利 2596 项、失效专利 3607 项、未确认专利 261 项、PCT- 有效期满 374 项、PCT- 有效期内 6 项；国内专利 4378 项，国外专利 3211 项。

由图 2-5 可以看出，此领域专利年申请量从 2012 年开始进入快速增长期，至 2018 年专利年申请量达到最高值为 680 项，之后保持稳定，2021 年由于部分专利未公开所以显示专利申请量有所下滑；国内专利申请起步较晚，2003 年专利年申请量占比不到 10%，之后迅速攀升，经过近几年的发展，我国已经成为此项技术领域专利数量大国。

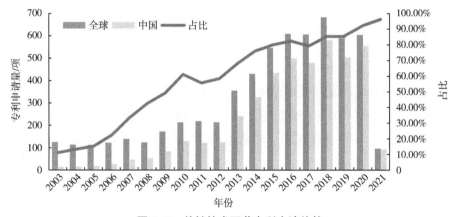

图 2-5　关键技术环节专利申请趋势

2.3.1.2　专利聚类分析

在关键技术环节中，修复技术分支专利数量占比最大（为 66%），其次为检测评估技术 20%、其他技术环节 11%、新兴技术 2%、清洗技术 1%（图 2-6），再从近几年专利申请趋势来看，修复技术分支专利年申请量连年攀升，检测评估技术专利年申请量较为稳定，其他技术环节专利年申请量较少。

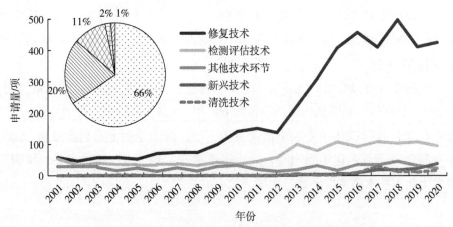

图 2-6 关键技术环节分支专利数量占比及申请趋势

2.3.1.3 专利活跃度分析

如图 2-7 所示，此项技术总体技术生命周期处于成熟期，经过市场淘汰，申请人数量开始减少，专利数量随之减少，技术的发展进入下降期，进展不大。当技术老化后，不少企业退出，每年申请的专利数量和企业数量将会呈现负增长。

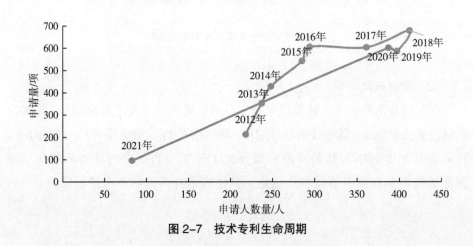

图 2-7 技术专利生命周期

专利技术生命周期主要分为 4 个阶段。起步阶段：一个技术的最初发明，这时也许连最初发明产品的科学家都不知道此技术在市场上究竟如何使用、如何产品化。

成长阶段：此项技术被少数先知先觉的、有长远市场洞察力的公司转化为产品，逐渐推向市场，被大众认可。此阶段，市场仍旧为蓝海，或因为技术壁垒，或因为市场不够成熟，竞争者较少，利润率较高，是先觉的公司快速增长、猛赚钱的阶段。

成熟阶段：此项技术或已经过了专利保护期，或已经被市场上的公司广泛掌握，技术壁垒已经基本消失。此阶段一般分为两个小的阶段：第一阶段，大量的公司涌入，使得蓝海市场变为红海，利润率降低，可能产生价格战，称为群雄逐鹿的阶段；第二阶段，少数公司经过良好的市场运作或消灭或合并其他公司，最后形成垄断，继续保持较高的利润率，然而会受到反垄断法的困扰，从而形成"70—20—10"分布即70%的市场被"老大"占据，20%的市场被"老二老三"占据，10%是其他"散兵游勇"。

衰退阶段：此项技术已经十分成熟，有创新的空间比较少，新技术的产生及代替作用使得利润率降低，哪怕是对垄断性的公司。掌握此项技术的公司已非明星企业，但是不会很快消亡，因为技术尚在使用，并且没有太多的公司进入，因而能够维持平稳的利润。

2.3.1.4　专利技术构成

如图 2-8 所示，目前 C23C24 大组专利申请量最多，其次为 C23C4、B23K35、B23P6、B23K9、C22C38、B23K26、B22F1、C22C19、B22F3，自无机粉末起始的镀覆是研发的热门方向，其次为熔融态覆层材料喷镀法。

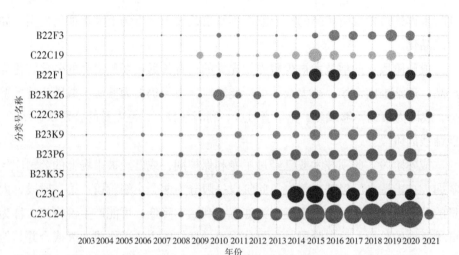

图 2-8　专利分支发展趋势

相关分类号注解：

C23C24（自无机粉末起始的镀覆（熔融态覆层材料的喷镀入 C23C4/00；固渗入 C23C8/00 ～ C23C12/00〔2006.01〕）

C23C4（熔融态覆层材料喷镀法，如火焰喷镀法、等离子喷镀法或放电喷镀法的镀覆（堆焊入 B23K，如 B23K5/18、B23K9/04〔2016.01〕）

B23K35（用于钎焊、焊接或切割的焊条、电极、材料或介质〔2006.01〕）

B23P6（物品的修复或修理（金属板材、金属棒材、金属管材、金属型材，或由其制造的特定产品的矫直或修复入 B21D1/00，B21D3/00；用铸造方法修理损缺制品入 B22D19/10；包括在其他单独小类内的工艺方法或设备见有关小类）〔3〕〔2006.01〕）

B23K9（电弧焊接或电弧切割（电渣焊入 B23K25/00；焊接变压器入 H01F；焊接发电机 H02K〔2006.01〕）

C22C38（铁基合金，如合金钢（铸铁合金入 C22C37/00）〔2〕〔2006.01〕）

B23K26（用激光束加工，如焊接、切割或打孔〔2，3，2014.01〕）

B22F1（金属粉末的专门处理；如使之易于加工，改善其性质；金属粉末本身，如不同成分颗粒的混合物〔2〕〔2006.01〕）

C22C19（镍或钴基合金〔2006.01〕）

B22F3（由金属粉末制造工件或制品，其特点为用压实或烧结的方法；所用的专用设备〔2021.01〕）

注：《国际专利分类表》（IPC 分类）是根据 1971 年签订的《国际专利分类斯特拉斯堡协定》编制而成的，是唯一国际通用的专利文献分类和检索工具，为世界各国所必

备。问世的 30 多年中，IPC 对于海量专利文献的组织、管理和检索，做出了不可磨灭的贡献。由于新技术的不断涌现，专利文献每年增长约 150 万项，约有 5000 万项。按照第 7 版 69 000 个组计算，平均每组包含的文献量超过 700 项，而且各国科学技术的发达程度差距很大，它并不能够适应每个国家的具体情况。另外，IPC 的建立是基于纸件专利文献的管理与检索，在计算机、通信网络等新技术快速发展的今天，它显现出一些不适应。为了让 IPC 名副其实地成为世界各国专利局及其他使用者在确定专利申请的新颖性、创造性时进行专利文献检索的一种有效检索工具，IPC 联盟大会成员国、世界知识产权组织（WIPO）在 1999—2005 年对国际专利分类表进行了改革，将第 8 版 IPC 分成基本版和高级版两级结构。第 8 版 IPC 基本版约 20 000 条，包括部、大类、小类、大组和在某些技术领域的少量多点组的小组。第 8 版 IPC 高级版约 70 000 条，包括基本版及对基本版进一步细分的条目。高级版供属于 PCT 最低文献量的工业产权局和大的工业产权局使用，用来对大量专利文献进行分类。

IPC 采用功能和应用相结合，以功能性为主、应用性为辅的分类原则。采用等级的形式，将技术内容注明：部—分部—大类—小类—大组—小组，逐级分类形成完整的分类体系。依据某一种产品的国际分类，就可以检索出本产品所属技术领域的专利信息。

2.3.1.5　申请人分析

关键技术环节主要申请人依次为安徽鼎恒再制造产业技术研究院有限公司、芜湖鼎瀚再制造技术有限公司、中国人民解放军装甲兵工程学院、浙江工业大学、安徽再制造工程设计中心有限公司、江苏大学、山东能源重装集团大族再制造有限公司、陕西天元智能再制造股份有限公司、中国人民解放军陆军装甲兵学院、燕山大学、沈阳大陆激光技术有限公司、CATERPILLAR INC.、山东大学、北京戎鲁机械产品再制造技术有限公司、SIEMENS AG、马鞍山蓝科再制造技术有限公司、UNITED TECHNOLOGIES CORPORATION、江苏科技大学、张家港清研再制造产业研究院有限公司、芜湖鼎恒材料技术有限公司（图 2-9）。

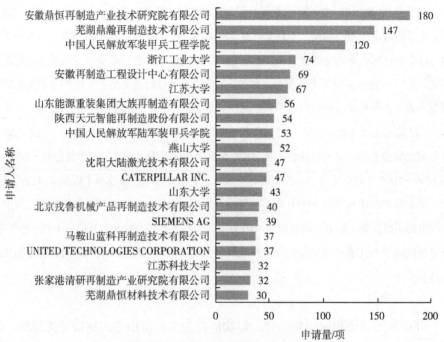

图 2-9 关键技术环节主要申请人

2.3.1.6 重点分支分析

（1）修复技术

1）电刷镀

电刷镀技术是电镀技术的一种特殊形式，是电镀技术的新发展。它是适应生产需要而产生的，并伴随着生产的发展而发展起来的一项表面处理技术。在电镀历史上，该技术的雏形最早可追溯到 1899 年，当时只是有槽电镀技术的一种补充形式。随着工业的不断发展，这种"补充形式"逐渐受到重视并发展起来。欧洲从 1947 年开始大量应用这一技术，美国于 1956 年出现了赛来创工艺、西夫可工艺，法国于 1965 年出现了达力克工艺，英国阿斯顿大学、托道夫公司等也分别对该技术进行了研究和应用。此外，瑞士、苏联、日本等国家也先后发展了这一技术。

我国企业也在表面工程中大量应用电刷镀技术，如采用电刷镀技术修复和改造大型、重型、流程精密设备。首钢从比利时引进的二手连铸设备，以废钢铁的价格廉价购进，其中 300 多件大轴承座和轧辊经刷镀修复，已在生产线上正常使用；唐山水泥机械厂从德国进口的 6.3 m 双柱龙门车床、天津石油化纤公司从日本进口的连续缩聚搅拌反应釜主轴、齐鲁石化公司从日本进口的 328 块汇流铜排、燕山石化从日本进口的聚丙烯造粒机组主减速箱等设备的维修和改造都采用电刷镀技术完成。

从专利申请来看，在电刷镀技术领域有相关专利申请排名前十的申请人如图 2-10 所示。分别是中国人民解放军装甲兵工程学院、广西大学、北京戎鲁机械产品再制造技术有限公司、上海交通大学、中国人民解放军 63870 部队、中国人民解放军第五七一九工厂、中国第一汽车股份有限公司、南昌大学、广东技术师范学院、江苏理工学院。国内专利申请较多的申请人是中国人民解放军装甲兵工程学院与广西大学。

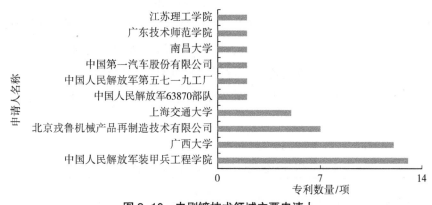

图 2-10　电刷镀技术领域主要申请人

中国人民解放军装甲兵工程学院已经自主创新开发出一系列先进特色技术、设备与材料，如装备再制造快速成形、装备原位动态自修复、装备沙粒磨损损伤控制与修复、装备重载齿面激光熔覆再制造、装备战场应急维修、装备系统防腐等，解决了诸多重大装备保障难题。在主战装备、"撒手锏"装备的防腐、耐磨、应急维修等方面取得了突出成绩，推动了装备维修保障技术与新型装备研制的同步配套发展，促进了装备再制造工程基础创新研究与科技成果转化，实现了装备的"起死回生、修旧胜新"，其授权专利如表 2-5 所示。

表 2-5　中国人民解放军装甲兵工程学院再制造授权专利统计

序号	标题	申请号	申请日	当前法律状态
1	金属零部件电刷镀系统及方法	CN201310071395.X	2013 年 3 月 6 日	授权
2	机械零部件磕伤修复用电刷镀装置及方法	CN201310435766.8	2013 年 9 月 23 日	授权
3	机械零部件划伤修复用电刷镀装置及方法	CN201310435544.6	2013 年 9 月 23 日	授权
4	一种 Ni-Co-X 代铬电刷镀液	CN201310435897.6	2013 年 9 月 23 日	授权
5	平板类金属零部件电刷镀装置	CN201310071554.6	2013 年 3 月 6 日	授权
6	铬镀层和碳钢复合基体电刷镀方法	CN201310435520.0	2013 年 9 月 23 日	授权

广西大学机械工程学院在复杂装备设计及故障诊断、智能农机、环保装备、精密制造、发动机设计等领域形成一定的优势学科方向，服务西南、辐射东盟。通过校企全方位深度合作，为玉柴、柳工、柳汽、柳钢、南糖等一批国内龙头企业长期提供蔗糖机械装备、丘陵智能农机装备、发动机设计等关键技术和人才支撑，实现科技成果向社会和教学的"双转化"，其专利申请如表 2-6 所示。

表 2-6　广西大学机械工程学院再制造专利申请统计

序号	标题	申请号	申请日	当前法律状态
1	一种孔体电刷镀机床	CN201710249331.2	2017 年 4 月 17 日	授权
2	一种卧式曲轴主轴颈的电刷镀机床	CN201510359268.9	2015 年 6 月 25 日	授权
3	一种可变轴径的孔用电镀刷	CN201710249346.9	2017 年 4 月 17 日	授权
4	曲轴电刷镀平台	CN201510032264.X	2015 年 1 月 22 日	授权
5	平板电刷镀实验平台	CN201410735234.0	2014 年 12 月 5 日	授权
6	电刷镀实验机	CN201410781017.5	2014 年 12 月 16 日	授权
7	电刷镀实验平台	CN201410192067.X	2014 年 5 月 8 日	授权

专利申请量排名前十的地市依次为北京市、南宁市、上海市、广州市、常州市、南昌市、成都市、沈阳市、渭南市、苏州市（图 2-11）。济南市仅有一件国网山东省电力公司电力科学研究院与山东电力工业锅炉压力容器检验中心有限公司、中国电力科学研究院有限公司、国网浙江省电力有限公司、国网浙江省电力有限公司电力科学研究院联合申请的专利，技术储备较为薄弱。

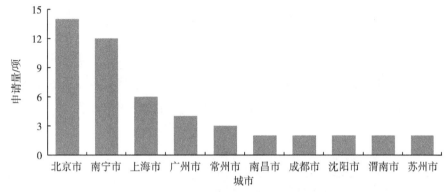

图 2-11　电刷镀技术领域专利申请地市排名

2）热喷涂

1882 年德国人采用一种简单的装置将金属液喷射成粉末，发明了人类最初的热喷涂法。1910 年瑞士的 Schoop 博士采用火焰或电弧喷涂技术，把 Zn、Sn 等一类的低熔点金属（焊丝）喷涂在钢铁材料表面上，作为防锈、防蚀的保护层，而喷涂铝则作为耐热和抗氧化涂层，由此诞生了热喷涂技术。20 世纪 20 年代苏联、德国和日本开始使用电弧喷涂，将热喷涂技术向前推进了一大步。从 30 年代到第二次世界大战之前，线材喷涂装置不断发展，并出现了火焰粉末喷涂工艺；50 年代以后，随着空间技术及其他高技术的发展，热喷涂技术才开始真正发展起来。美国 Metco 公司在喷涂工艺研究诸方面均处于世界领先地位。50 年代后期美国 UinonCarikdeCo. 公司研制成功爆炸喷涂，此后又研制出等离子焰喷涂枪。爆炸喷涂极大地提高了喷涂颗粒的速度和动能，所获得的涂层具有结合强度高和气孔率低的特点。等离子喷涂设备的诞生使任何高熔点材料都可进行喷涂，涂层的功能扩展到耐磨、耐蚀、绝缘、隔热及超导等许多特殊性能方面。60—80 年代，各种喷涂技术均已成熟，应用范围逐渐扩大。70 年代中期，美国西南研究所发展了爆炸喷枪，打开了爆炸喷涂的新局面。1981 年美国 BrowingEngineoring 公司研制成功新的超音速火焰喷枪。

从专利申请来看，在热喷涂技术领域有相关专利申请排名前十的申请人如图 2-12 所示，分别是芜湖鼎瀚再制造技术有限公司、安徽鼎恒再制造产业技术研究院有限公司、马鞍山蓝科再制造技术有限公司、中国人民解放军装甲兵工程学院、安徽再制造工程设计中心有限公司、芜湖鼎恒材料技术有限公司、山东大学、张家港清研再制造产业研究院有限公司、中国人民解放军陆军装甲兵学院、北京戎鲁机械产品再制造技术有限公司。其中，芜湖鼎瀚再制造技术有限公司开发成功的纳米涂层技术，通过创新的涂层设计思路和制备方法，把最新的纳米技术运用到传统的热喷涂技术中，具有世界领先水平。

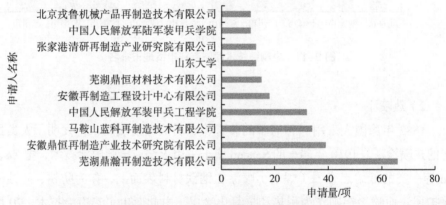

图 2-12　热喷涂技术领域主要申请人

专利申请量排名前十的地市依次为芜湖市、北京市、马鞍山市、上海市、苏州市、西安市、济南市、南京市、广州市、杭州市（图 2-13）。济南市有一定的技术储备，专利申请均来自山东大学，其再制造专利申请如表 2-7 所示。

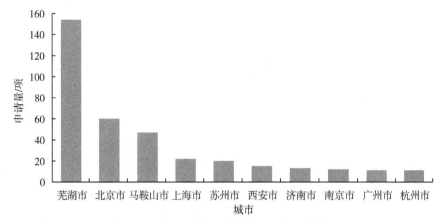

图 2-13　热喷涂技术领域专利申请地市排名

表 2-7　山东大学再制造专利申请统计

序号	标题	申请号	申请日	当前法律状态
1	一种基于热喷涂工艺的涂层表面改性装置及工作方法	CN202110201189.0	2021 年 2 月 23 日	实质审查
2	一种小型复杂型面零部件涂层配伍优化设计方法	CN202110004358.1	2021 年 1 月 4 日	实质审查
3	一种涂层在线滚压装置及其控制方法	CN202011423430.6	2020 年 12 月 8 日	实质审查
4	一种基于道宽与道距约束的切向功能梯度涂层过渡区设计及性能预测方法	CN202011190104.5	2020 年 10 月 30 日	实质审查
5	一种基于等冲击角线的切向功能梯度涂层制备方法	CN202011146427.4	2020 年 10 月 23 日	实质审查
6	一种热喷涂用原位超声滚压一体化装置及方法	CN201911033011.9	2019 年 10 月 28 日	授权
7	一种热喷涂随动冷却装置	CN202010250974.0	2020 年 4 月 1 日	授权
8	一种考虑沉积率修正的功能梯度涂层设计方法	CN201811365213.9	2018 年 11 月 16 日	授权
9	一种喷淋冷却的板材热喷涂用装夹装置及工作方法	CN201811454167.X	2018 年 11 月 30 日	授权

序号	标题	申请号	申请日	当前法律状态
10	一种板材热喷涂用装夹装置及工作方法	CN201811457137.4	2018 年 11 月 30 日	授权
11	一种复杂型面工件切向渐变热喷涂涂层设计方法	CN201711298231.5	2017 年 12 月 8 日	授权
12	一种热喷涂用可调式多路送粉架及喷涂设备	CN201810550331.0	2018 年 5 月 31 日	实质审查
13	铁铝金属间化合物 / 氧化锆陶瓷复合材料及其制备方法	CN02135506.1	2002 年 9 月 3 日	未缴年费

3）电解加工

基于先进表面工程技术的绿色再制造技术，如堆焊、电刷镀、电弧喷涂、激光熔覆等，得到了越来越广泛的应用。当工程机械零部件经过表面强化或者局部修复后，工件材料表面的强度、硬度等性能会大大提高，使得传统的机械加工方式无法加工，或者能够加工但是加工效率很低。例如，采用等离子喷涂的 WC/Co 涂层的硬度达到了 1500 HV，而优质高速钢刀具的硬度也只有 820 ~ 950 HV，显然传统机械加工根本无法加工这类具有高硬度、高强度的材料。因此，必须引入合适的特种加工技术来解决这一问题。近年来，电解加工技术飞速发展，在航空航天、军工、汽车、机械等领域得到广泛应用，大批学者对电解加工工艺进行了系统研究。

从专利申请来看，在电解加工技术领域有相关专利申请前十的申请人如图 2-14 所示，分别是南京航空航天大学、广东工业大学、常州工学院、浙江工业大学、西安工业大学、茬原制作所股份有限公司、中国航空制造技术研究院、河南理工大学、合肥工业大学、山东大学。国内专利申请较多的申请人为南京航空航天大学。

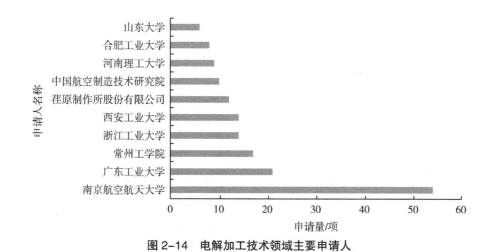

图 2-14　电解加工技术领域主要申请人

　　南京航空航天大学机电学院的发展可追溯到 20 世纪 50 年代，前身是 1952 年建校之初为满足航空工业生产急需而设立的航空机械加工专业。1981 年机械制造学科成为全国首批博士学位授权点，1987 年入选首批国家重点学科。学院面向国家战略需求，围绕制造工程等领域开展教学和科研工作。学科奠基人余承业先生是著名特种加工专家，开创了我国电加工专业研究生教育；张幼桢先生是著名机械加工专家，国内第一位 CIRP Fellow；程宝蕖先生是著名飞机制造专家，其首创的容差分配协调方法奠定了我国飞机装配的理论基础。21 世纪以来，该校学科内涵持续巩固和发展，形成了以先进制造为主体，工艺与装备技术、数字化设计制造技术为两翼的"一体两翼"学科优势特色，其电解加工专利申请如表 2-8 所示。

表 2-8　南京航空航天大学机电学院电解加工专利申请统计

序号	标题	申请号	申请日	当前法律状态
1	一种叶片 / 整体叶盘电解加工装置及电解液稳流装置	CN202111396465.X	2021 年 11 月 23 日	实质审查
2	带叶尖倒角的叶片脉动态套料电解加工装置及方法	CN202111234865.0	2021 年 10 月 22 日	实质审查

序号	标题	申请号	申请日	当前法律状态
3	一种回转体表面快速整平的脉动态电解加工装置及方法	CN202110849718.8	2021年7月27日	实质审查
4	叶片/整体叶盘全向进给脉动态精密电解加工装置及方法	CN202110598369.7	2021年5月31日	实质审查
5	自适应工具阴极及复杂内通道电解光整加工方法	CN202110334098.4	2021年3月29日	实质审查
6	一种燃料电池双极板的电解加工装置及加工方法	CN202110263576.7	2021年3月11日	实质审查
7	往复式旋印电解加工装置及方法	CN202110109294.1	2021年1月27日	授权
8	用于光整内部结构的抽吸式电解加工装置及方法	CN202011451556.4	2020年12月10日	实质审查
9	交叉群槽编码式流场电解加工方法及装置	CN202011336099.4	2020年11月25日	实质审查
10	一种带状工件群槽结构连续电解加工装置	CN202011244848.0	2020年11月10日	授权
11	基于加工深度在线监测的恒间隙旋印电解加工方法及系统	CN202010824441.9	2020年8月17日	授权
12	一种旋印电解加工间隙在线检测装置及方法	CN202010824420.7	2020年8月17日	授权
13	电场调控套料电解加工装置及方法	CN202010816402.4	2020年8月14日	授权
14	叶片全轮廓供液的整体叶盘电解加工装置及方法	CN202010730223.9	2020年7月27日	授权
15	浸液式套料电解加工系统及方法与应用	CN202010580989.3	2020年6月23日	实质审查
16	双叶片套料电解加工装置及其加工方法	CN202010425084.9	2020年5月19日	授权
17	异形群缝式阴极弧面外槽电解加工装置及其方法	CN202010424364.8	2020年5月19日	授权
18	多级整流定子内向叶片的套料电解加工装置与方法	CN201911298730.3	2019年12月17日	授权
19	开口对称式阴极榫槽电解加工装置及方法	CN201910573829.3	2019年6月28日	授权
20	一种电解加工异形腔的工具阴极及装夹方法	CN201910050711.2	2019年1月20日	授权

序号	标题	申请号	申请日	当前法律状态
21	多图案镂空薄片金属带电解喷射加工装置及方法	CN201811061580.X	2018 年 9 月 12 日	授权
22	一种机床回转单元及机匣零件高精密旋印电解加工机床	CN201810339512.9	2018 年 4 月 16 日	授权
23	多管浮动复杂曲面自寻轨迹电解加工装置与方法	CN201810000951.7	2018 年 1 月 2 日	授权
24	管电极磨粒辅助多槽电解切割加工装置与方法	CN201711142416.7	2017 年 11 月 17 日	授权
25	抽吸排液辅助双窄缝喷液电解切割加工装置与方法	CN201711137879.4	2017 年 11 月 16 日	授权
26	叶片尾缘不溶解的套料电解加工装置及其加工方法	CN201710880612.8	2017 年 9 月 26 日	授权
27	一种基于 PDMS 模板的沟槽阵列电解加工系统及方法	CN201710346613.4	2017 年 5 月 17 日	授权
28	柔性金属薄板微群槽连续电解加工系统及方法	CN201610801107.5	2016 年 9 月 5 日	授权
29	全过程一字型流动柔性保护套料电解加工装置及方法	CN201610696734.7	2016 年 8 月 22 日	授权
30	参数实时可调的电解液精密控制系统及其工作方法	CN201510171537.9	2015 年 4 月 13 日	授权
31	非圆截面电解切割电极及其装置	CN201410463454.2	2014 年 9 月 12 日	授权
32	复杂型面数控高效电解加工机床	CN201410457247.6	2014 年 9 月 10 日	授权
33	一种电解加工机床及其工作方法	CN201410223495.4	2014 年 5 月 26 日	授权
34	基于三维复合流场的整体叶盘型面电解加工装置及方法	CN201310453440.8	2013 年 9 月 29 日	授权
35	群孔电解加工装置	CN200610085360.1	2006 年 6 月 12 日	授权
36	微尺度线电极电解加工方法及微振动线电极系统	CN200610040054.6	2006 年 4 月 30 日	授权

专利申请量排名前十的地市依次为南京市、常州市、广州市、西安市、北京市、杭州市、合肥市、焦作市、郑州市、沈阳市（图2-15）。济南市有5项专利申请，均来自山东大学，其电解加工专利申请如表2-9所示。

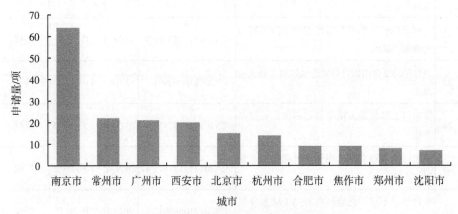

图2-15　电解加工技术领域专利申请地市排名

表2-9　山东大学电解加工专利申请统计

序号	标题	申请号	申请日	当前法律状态
1	旋转超声辅助微细电解磨削扩孔加工装置及方法	CN201810420177.5	2018年5月4日	授权
2	一种颗粒增强金属基复合材料的加工方法及装置	CN201910123951.0	2019年2月19日	授权
3	一种用于电解加工的夹具	CN201920227708.9	2019年2月20日	授权
4	一种无锥度微小孔的电解钻削加工装置及方法	CN201710443977.4	2017年6月13日	未缴年费
5	一种球形阴极数控电解加工机床	CN201520193406.6	2015年4月1日	授权

（2）无损检测技术

无损检测技术已历经一个世纪，其重要性在全世界已得到公认。有人说，现代工业是建立在无损检测基础上的，这句话其实并不为过。德国科学家就说过，无损检测技术是机械工业的四大支柱之一。美国前总统里根曾说，没有先进的无损检测技术，美国就不可能享有在众多领域的领先地位。确实，我们很难找到其他任何一个应用学科分支，其涵盖的技术知识之渊博、覆盖的基本研究领域之众多、所涉及的应用领域之广泛能与无损检测相比。统计资料显示，经过无损检测后的产品增值情况大致是，机械产品为 5%，国防、宇航、原子能产品为 12% ~ 18%，火箭为 20% 左右。德国奔驰公司汽车几千个零部件经过无损检测后，整车运行公里数提高了 1 倍。

从专利申请来看，在无损检测技术领域有相关专利申请排名前十的申请人如图 2-16 所示，分别是中国人民解放军装甲兵工程学院、河北瑞兆激光再制造技术股份有限公司、上海交通大学、合肥工业大学、武汉理工大学、江苏大学、江苏科技大学、沈阳大陆激光技术有限公司、BATTELLE MEMORIAL INSTITUTE、大连理工大学。国内专利申请较多的申请人为中国人民解放军装甲兵工程学院，其无损检测专利申请如表 2-10 所示。

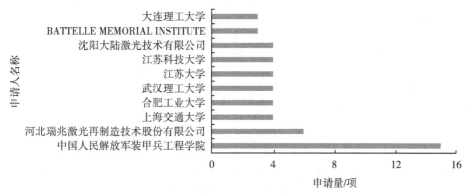

图 2-16　无损检测技术领域主要申请人

表 2-10　中国人民解放军装甲兵工程学院无损检测专利申请统计

序号	标题	申请号	申请日	当前法律状态
1	一种基于微电阻的废旧发动机气门无损检测方法	CN201510850165.2	2015 年 11 月 29 日	授权
2	一种孔类零件内孔缺陷相控阵超声检测装置	CN201510026362.2	2015 年 1 月 20 日	授权

序号	标题	申请号	申请日	当前法律状态
3	一种激光熔覆再制造零件缺陷类型超声检测分析方法	CN201410802185.8	2014 年 12 月 21 日	授权
4	曲轴再制造寿命评估系统及方法	CN201510142241.4	2015 年 3 月 27 日	授权
5	一种再制造前曲轴早期疲劳损伤自动化检测评估系统	CN201210340273.1	2012 年 9 月 13 日	未缴年费
6	一种臂架再制造毛坯的磁记忆探头检测装置及方法	CN201410191689.0	2014 年 5 月 8 日	授权
7	利用自发射磁信号评价再制造毛坯应力集中程度的方法	CN201110307184.2	2011 年 10 月 11 日	未缴年费
8	金属构件损伤无损检测系统及检测方法	CN201110147277.3	2011 年 6 月 2 日	撤回
9	一种灰铸铁缸盖自动化激光熔覆再制造方法	CN201210106025.0	2012 年 4 月 12 日	未缴年费
10	再制造前废旧曲轴 R 角部位金属磁记忆信号采集装置	CN201110003051.6	2011 年 1 月 7 日	授权
11	一种便携式曲轴圆角部位金属磁记忆信号同步采集装置	CN201110307073.1	2011 年 10 月 11 日	未缴年费
12	旧缸体缸筒内壁表层缺陷的自动化涡流 / 磁记忆检测装置	CN201010272384.4	2010 年 9 月 3 日	未缴年费
13	发动机旧曲轴内部缺陷的自动化超声波检测方法及装置	CN201010272402.9	2010 年 9 月 3 日	未缴年费
14	一种气缸体裂纹与应力集中的综合无损检测装置	CN200920300931.8	2009 年 2 月 27 日	期限届满
15	利用铁磁材料表面杂散磁场信号监测疲劳损伤的方法	CN200710175255.1	2007 年 9 月 28 日	未缴年费

专利申请量排名前十的地市依次为北京市、上海市、沈阳市、唐山市、天津市、西安市、镇江市、南京市、大连市、长沙市（图 2-17）。济南市有 2 项专利申请，分别来自山东成通锻造有限公司与山东大学，其无损检测专利申请如表 2-11 所示。

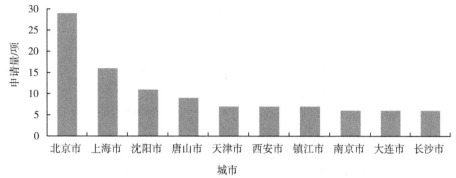

图 2-17　无损检测技术领域专利申请地市排名

表 2-11　济南市无损检测专利申请统计

序号	标题	申请号	申请日	申请人
1	大型柱窝柱帽模具焊接修复工艺	CN201911043738.5	2019 年 10 月 30 日	山东成通锻造有限公司
2	复合材料曲面结构的自动化无损检测装置与方法	CN201910457849.4	2019 年 5 月 29 日	山东大学

（3）清洗技术

废旧产品被拆解到最小单元后，需根据形状、材料、类别、损坏情况等进行分类，然后采用相应的方法进行清洁化处理。零部件表面清洗是再制造过程中的一道重要工序，是开展后续再制造加工的基础性工艺。零部件表面清洗的质量，直接影响着零部件性能分析、表面检测、再制造加工及装配，对再制造产品的质量具有全面影响。传统的清洗方法包括机械清洗法、化学清洗法和超声波清洗法，已经较为广泛应用，激光清洗技术作为新型清洗技术，近年来飞速发展。

从专利申请来看，在清洗技术领域有相关专利申请排名前十的申请人如图 2-18 所示，分别是安徽宝辉清洗设备制造有限公司、山东大学、芜湖鼎瀚再制造技术有限公司、张家港清研再制造产业研究院有限公司、安徽鼎恒再制造产业技术研究院有限公司、武汉武钢华工激光大型装备有限公司、TRC SERVICES INC.、上海新孚美变速箱技术服务有限公司、路沃特（张家港）动力再制造科技有限公司、东莞市联洲知识产权运营管理有限公司。国内专利申请较多的申请人为安徽宝辉清洗设备制造有限公司、山东大学、安徽鼎恒实业集团有限公司旗下芜湖鼎瀚再制造技术有限公司与安徽鼎恒再制造产业技术研究院有限公司。

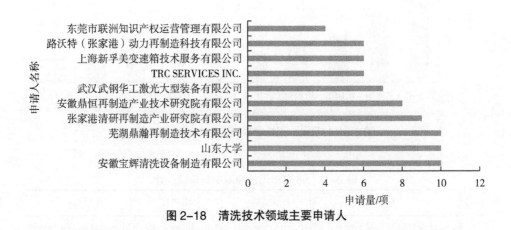

图 2-18　清洗技术领域主要申请人

芜湖鼎瀚再制造技术有限公司专业从事再制造，在表面涂层技术及相关材料的研发、开发，涂层的配方、工艺、性能、结构、应用和相关应用研究方面取得了多项原创性的研究成果。其重点专利如表 2-12 所示。

表 2-12　芜湖鼎瀚再制造技术有限公司重点专利统计

序号	标题	申请号	申请日	当前法律状态
1	一种用于发动机缸盖清理的吊钩式抛丸清洗机吊篮	CN201911286774.4	2019 年 12 月 14 日	授权
2	一种安装在吊钩抛丸清洗室上的顶部密封结构	CN201911356650.9	2019 年 12 月 25 日	授权
3	一种管状工件焊前清理设备	CN201811046579.X	2018 年 9 月 8 日	授权
4	一种焊丝存储清洁装置	CN201710713453.2	2017 年 8 月 18 日	授权
5	一种焊丝双工位清洁装置	CN201710714038.9	2017 年 8 月 18 日	授权
6	一种针对焊丝加工设备大底面的清洗设备	CN201710714032.1	2017 年 8 月 18 日	授权
7	一种轴类零件用压式表面清洁装置	CN201610679926.7	2016 年 8 月 17 日	授权
8	一种喷涂车间用通风口盖的栏杆清洗装置	CN201610584111.0	2016 年 7 月 22 日	授权

专利申请量排名前十的地市依次为芜湖市、苏州市、北京市、济南市、上海市、宣城市、武汉市、东莞市、广州市、西安市（图 2-19）。济南市有 13 项专利申请，分别来自山东大学、济南萱谋机械再制造有限公司、中国重汽集团济南复强动力有限公司、中国重汽集团济南动力有限公司，其中山东大学专利申请最多，为 7 项，其清洗技术专利如表 2-13 所示。

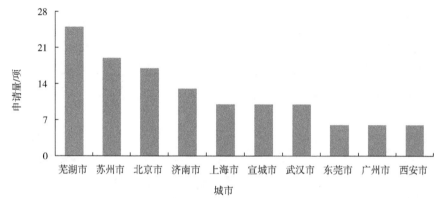

图 2-19　清洗技术领域专利申请地市排名

表 2-13　山东大学清洗技术专利申请统计

序号	标题	申请号	申请日	当前法律状态
1	一种针对复杂污物的复合清洗方法	CN201910936300.3	2019 年 9 月 29 日	授权
2	一种用于射流清洗的无接触式定位装置、清洗系统及方法	CN202010647821.X	2020 年 7 月 7 日	授权
3	工业用超声盐浴复合清洗设备	CN201720871111.9	2017 年 7 月 18 日	授权
4	一种浮动振子超声盐浴复合清洗机及其使用方法	CN201510319773.0	2015 年 6 月 11 日	授权
5	机械零件超声盐浴复合清洗机	CN201620443344.4	2016 年 5 月 16 日	未缴年费
6	超声盐浴复合清洗机	CN201320026415.7	2013 年 1 月 18 日	授权
7	工业机械零部件专用高压水射流清洗机	CN201410062233.4	2014 年 2 月 24 日	授权

2.3.2 拆解与回收

2.3.2.1 总体趋势分析

对涉及拆解与回收的专利进行检索分析，共检索到相关专利 732 项，其中审中专利 110 项、有效专利 266 项、失效专利 281 项、未确认专利 33 项、PCT–有效期满 36 项、PCT–有效期内 6 项；国内专利 431 项，国外专利 301 项。

由图 2-20 可以看出，此领域专利年申请量从 2019 年开始进入快速增长期，至 2020 年专利年申请量达到最高值（为 268 项），并且还有继续增长的势头；国内专利申请发展较为迅速，2011 年专利年申请量开始迅速增长，之后专利年申请量占比一直持续在 70% 左右。

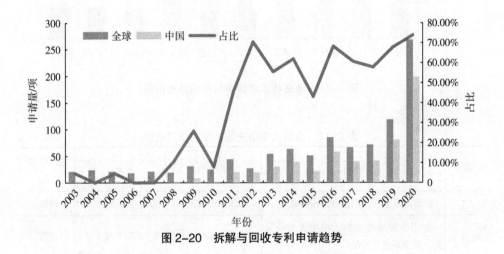

图 2-20　拆解与回收专利申请趋势

2.3.2.2 专利聚类分析

从技术功效来看（图 2-21），2017—2021 年，拆解与回收技术领域的专利申请针对的技术功效主要为提高效率，其次为操作流程及系统的复杂性、可靠性、适应性、通用性，最后是速度与稳定性。

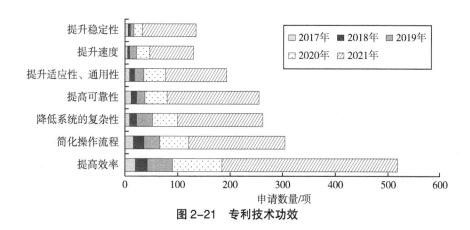

图 2-21　专利技术功效

2.3.2.3　专利活跃度分析

如图 2-22 所示，此项技术总体技术生命周期处于成长期，基本发明包含纵向发展和横向发展，应用发明专利逐渐出现。在该阶段，技术有了突破性的进展，市场扩大，介入的企业增多，专利申请量与专利申请人数量急剧上升。

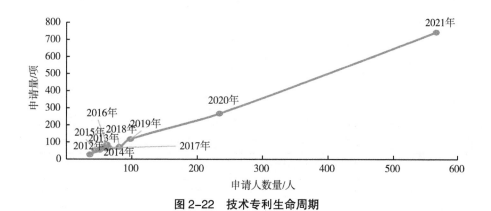

图 2-22　技术专利生命周期

2.3.2.4　专利技术构成

如图 2-23 所示，目前 G06Q10 大组专利申请量最多，其次为 B25B27、B29B17、G06Q30、G06Q50、B23P19、G01N3、B23P6、B33Y30、B09B3，　行

政管理、商业管理（逆向物流）是研发的热门方向，其次为拆解回收方法。

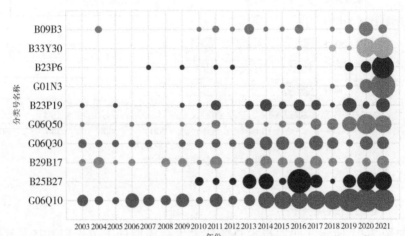

图 2-23　专利分支发展趋势

相关分类号注解：

G06Q10（行政；管理〔8，2012.01〕〔2012.01〕）

B25B27（不包含在其他类目中的，专门适用于有变形或无变形零件或物品的装配或分离的手动工具或台式设备（简单装配或分离金属零件或物品的机械入 B23P19/00）〔2006.01〕）

B29B17（回收塑料或含塑料的废料的其他成分（化学回收入 C08J11/00）〔4〕〔2006.01〕）

G06Q30（商业，如购物或电子商务〔8，2012.01〕〔2012.01〕）

G06Q50（特别适用于特定商业行业的系统或方法，如公用事业或旅游（医疗信息学入 G16H）〔2012.01〕）

B23P19（用于把金属零件或制品或金属零件与非金属零件的简单装配或拆卸的机械，不论是否有变形；其所用的但不包含在其他小类的工具或设备（一般手工工具入 B25）〔3〕〔2006.01〕）

G01N3（用机械应力测试固体材料的强度特性）

B23P6（物品的修复或修理（金属板材、金属棒材、金属管材、金属型材，或由其制造的特定产品的矫直或修复入 B21D1/00，B21D3/00；用铸造方法修理损缺制品入 B22D19/10；包括在其他单独小类内的工艺方法或设备见有关小类）〔3〕〔2006.01〕）

B33Y30（增材制造设备及其零件或附件〔2015.01〕〔2015.01〕）

B09B3（固体废物的破坏或将固体废物转变为有用或无害的东西〔3〕〔2006.01〕）

2.3.2.5　申请人分析

主要申请人依次为杭州腾骅汽车变速器股份有限公司、河北瑞兆激光再制造技术股份有限公司、合肥工业大学、湖南大学、浙江工业大学、宁波大学、CATERPILLAR INC.、JOSHUA KYLE DALRYMPLE、安徽鼎恒再制造产业技术研究院有限公司、格林美（武汉）城市矿产循环产业园开发有限公司（图 2-24）。

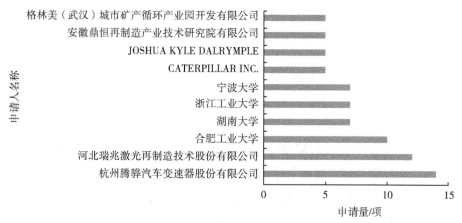

图 2-24　拆解与回收技术领域主要申请人

2.3.3　应用领域

2.3.3.1　总体趋势分析

对涉及该应用领域的专利进行了检索分析。共检索到相关专利 6011 项，其中审中专利 472 项、有效专利 1831 项、失效专利 3215 项、未确认专利 233 项、PCT- 有效期满 257 项、PCT- 有效期内 3 项；国内专利 2643 项，国外专利 3368 项。

由图 2-25 可以看出，此领域专利年申请量从 2009 年开始进入快速增长期，至 2019 年专利年申请量达到最高值（为 485 项），2021 年由于部分专利未公开所以显示专利申请量有所下滑；国内专利申请起步较晚，2003—2009 年专利年申请量均较少，之后迅速攀升，经过近几年的发展，我国已经成为此项技术领域专利数量大国。

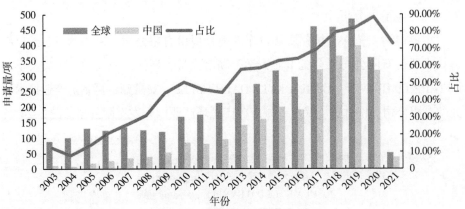

图 2-25 应用领域专利申请趋势

2.3.3.2 专利聚类分析

在应用领域中，汽车零部件再制造分支专利数量占比最大（为 39%），其余依次为其他领域再制造（包含轨道交通装备再制造、航空装备再制造等）占比为 37%、工程机械再制造占比为 21%、机床再制造占比为 3%。从近几年专利申请趋势来看，汽车零部件再制造分支专利年申请量连年攀升，近两年有了较大优势，工程机械再制造与其他领域再制造专利年申请量也有一定增长，而机床再制造专利年申请量一直较少（图 2-26）。

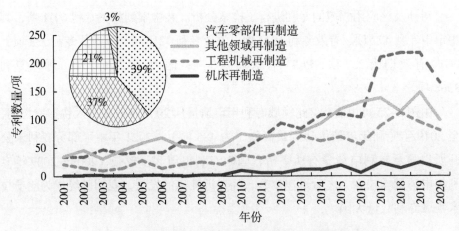

图 2-26 应用领域分支专利数量占比及申请趋势分析

2.3.3.3 专利活跃度分析

如图 2-27 所示，经过市场淘汰，此项技术的总体技术生命周期进入成熟期，申请人数量开始减少，专利数量随之减少，技术的发展进入下降期，进展不大。当技术淘汰老化后，不少企业不断退出，导致每年专利申请数量和企业数量将会呈现负增长。

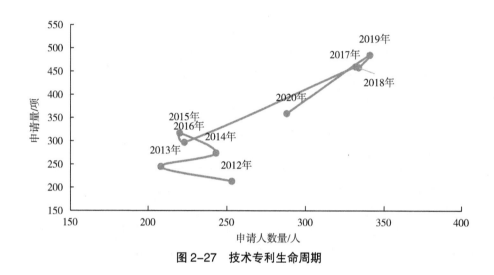

图 2-27 技术专利生命周期

2.3.3.4 专利技术构成

如图 2-28 所示，目前 G01N3 大组专利申请量最多，其次为 G01M13、G01N33、G01M17、B23P6、C23C24、G01N27、G01N21、G01M15、B08B3，固体材料测试为专利申请的热门方向，其次为车辆整体测试、发动机测试。

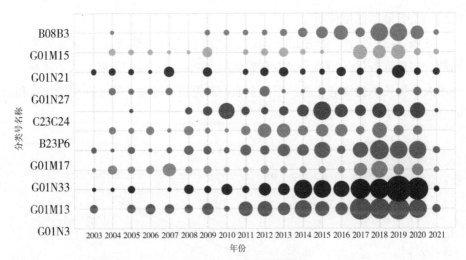

图 2-28　专利分支发展趋势

相关分类号注解：

G01N3（用机械应力测试固体材料的强度特性）

G01M13（机械部件的测试［2019.01］）

G01N33（利用不包括在 G01N1/00～G01N31/00 组中的特殊方法来研究或分析材料［2006.01］）

G01M17（车辆的测试（流体密封性测试入 G01M3/00；车身或底盘弹性的测试，如扭矩测试入 G01M5/00；车辆前灯装置的对光测试入 G01M11/06；测试发动机如入 G01M15/00）［2006.01］）

B23P6（物品的修复或修理（金属板材、金属棒材、金属管材、金属型材，或由其制造的特定产品的矫直或修复入 B21D1/00、B21D3/00；用铸造方法修理损缺制品入 B22D19/10；包括在其他单独小类内的工艺方法或设备见有关小类）〔3〕［2006.01］）

C23C24（自无机粉末起始的镀覆（熔融态覆层材料的喷镀入 C23C4/00；固渗入 C23C8/00～C23C12/00［2006.01］）

G01N27（用电、电化学或磁的方法测试或分析材料（G01N3/00～G01N25/00 优先；电或磁变量测量或试验，材料电磁性能的测试或试验入 G01R）［2006.01］）

G01N21（利用光学手段，即利用亚毫米波、红外光、可见光或紫外光来测试或分析材料（G01N 3/00～G01N 19/00 优先））

G01M15（发动机的测试［2006.01］）

B08B3（使用液体或蒸气的清洁方法（B08B9/00 优先）［2006.01］）

2.3.3.5　申请人分析

主要申请人依次为 CATERPILLAR INC.、芜湖鼎瀚再制造技术有限公司、UNITED TECHNOLOGIES CORPORATION、路沃特（张家港）动力再制造科技有限公司、上海新孚美变速箱技术服务有限公司、安徽鼎恒再制造产业技术研究院有限公司、CARRIER CORPORATION、开利公司、中国人民解放军装甲兵工程学院、潍柴动力（潍坊）再制造有限公司、上海锦持汽车零部件再制造有限公司、芜湖鼎恒材料技术有限公司、ROBERT BOSCH GMBH、HITACHI LTD、HONDA MOTOR CO LTD、安徽再制造工程设计中心有限公司、沈阳大陆激光技术有限公司、SIEMENS AG、杭州腾骅汽车变速器股份有限公司、辽宁五星智能装备开发有限公司（图 2-29）。

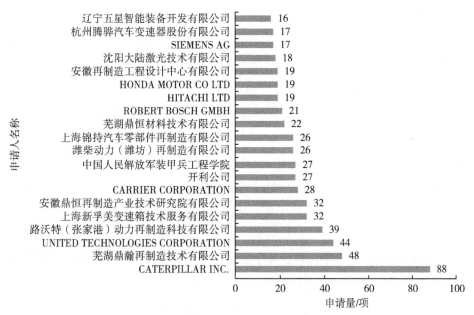

图 2-29　应用领域主要申请人

2.3.3.6　重点产品分析

（1）盾构机再制造

国内盾构机制造企业在研发和制造方面取得了大量创新成果，已经打破了国外盾构机独占市场的局面。值得一提的是，我国盾构机制造企业已开始收购与兼并国外盾构机制造企业。例如，北方重工集团有限公司在 2007 年并购法国 NFM 公司后，于 2016 年又成功并购美国罗宾斯（罗宾斯为世界硬岩掘进机制造商的代表），这标志着北方重工集团有限公司已成功跻身于世界级盾构机研发制造基地之列；辽宁三三工业有限公司于 2014 年全资收购了卡特彼勒加拿大隧道设备有限公司，获得了该公司全部的隧道掘进机核心技术、知识产权、国际营销渠道及海外生产基地；中铁工程装备集团有限公司于 2014 年与德国维尔特公司签署了硬岩掘进机及竖井钻机知识产权收购协议，标志着中铁工程装备集团有限公司在增强国内外市场能力的同时，奠定了占据世界掘进机技术前沿的基础。国内盾构机制造企业通过收购与兼并国外企业，拥有了世界先进技术和国际销售渠道，为我国盾构机进入全球市场奠定了基础。

但我国在盾构机再制造领域仍处于起步阶段，目前大部分研发工作还停留在零配件等方面的再制造，整机再制造方面也还存在一些问题和困难。近十几年来，我国以表面工程技术为基础的装备再制造技术已经有了很大的发展，但针对像盾构机这样的高科技超大型工程机械，其中一些关键零部件的再制造仍要求有更先进的再制造技术，如盾构机主驱动中特大型轴承的再制造。

从专利申请来看，目前共有 43 家企业高校在盾构机再制造领域有相关专利申请。主要申请人排名前 10 位的分别是中铁工程装备集团（天津）有限公司、中铁工程装备集团盾构再制造有限公司、中铁隧道局集团有限公司、中铁工程装备集团有限公司、中铁工程服务有限公司、无锡盾建重工制造有限公司、中盾控股集团有限公司、中国铁建重工集团股份有限公司、中铁工程装备集团盾构制造有限公司、中铁隧道局集团有限公司设备分公司（图 2-30）。前 10 位申请人专利集中度达到 50%，其中中铁工程装备集团（天津）有限公司具有较大的领先优势。

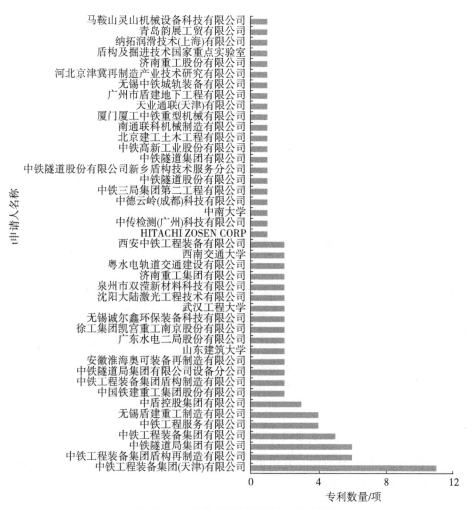

图 2-30 盾构机再制造领域主要申请人

中铁工程装备集团有限公司在 2020 年 9 月 29 日已完成第 1000 台盾构机成功下线，标志着其盾构机迈入高质量发展新阶段。在隧道机械化专用设备领域，中铁工程以三臂凿岩台车、悬臂掘进机、混凝土湿喷机械手、拱架安装机、门架式支护台车、防水板铺设台车、连续皮带机等开挖、支护、出渣设备为核心产品，相关产品在北京石景山磁悬浮隧道、郑万铁路及玉磨铁路、重庆曾家

机械产品绿色制造关键技术与装备专利导航

岩隧道、贵阳八鸽岩隧道、贵阳地铁三号线等复杂地质项目中成功应用,并且
公司发起成立了专用设备产业联盟,推动了专用设备产业链企业优势资源互补,
其专利布局如图 2-31 所示。

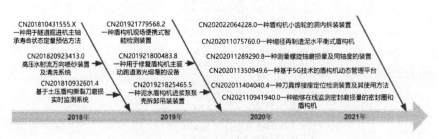

图 2-31　中铁工程集团相关专利申请

　　中铁工程自 2018 年起分别对主轴承寿命状态预估方法、刀具磨损检测、
清洗技术、便携式智能检测设备、激光熔覆设备、拆卸、螺旋轴及密封圈磨损
量监测进行了相应的专利申请,并且引入 5 G 技术建立起盾构机动态管理平台,
但其对于核心部件的修复技术并未进行专利申请,相关技术仍然存在瓶颈。

　　上述主要申请人主要分布在天津市、无锡市、郑州市、广州市、成都市、
洛阳市、济南市、北京市、泉州市、长沙市(图 2-32)。济南市已经拥有了
一定的技术储备,济南重工集团有限公司、济南重工股份有限公司、山东建筑
大学已经进行了相应技术研发并申请了相关专利,但主要是拆卸、夹具方面的
外围专利申请(表 2-14)。

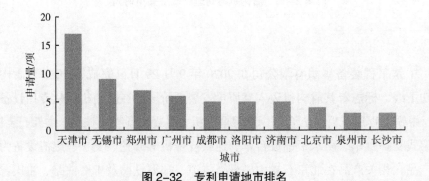

图 2-32　专利申请地市排名

表 2-14　济南市盾构机再制造相关专利申请统计

序号	标题	申请人	申请日	专利类型
1	一种盾构机后配套轮对液压拆卸系统及使用方法	济南重工集团有限公司	2021 年	发明申请
2	一种盾构机刀盘表面复合强化自修复的方法	山东建筑大学	2019 年	发明授权
3	一种激光熔覆修复盾构机密封跑道的夹具及使用方法	济南重工集团有限公司	2020 年	发明申请
4	一种盾构机滚刀刀圈抗磨、抗冲击处理方法	济南重工股份有限公司	2019 年	发明申请

（2）新能源汽车电池回收

预计 2025 年汽车总销量将达到 3500 万辆，按照 20% 的市场渗透率，新能源汽车需求将达到 700 万辆，锂、钴、镍、锰需求量分别达到 3.85 万吨、4.2 万吨、12.6 万吨和 4.2 万吨。根据全球新能源汽车销售量计算，2025 年全球累计退役动力电池 281 万吨（约 327 GW·h），2025 年通过回收全球动力电池可再生的锂、钴、镍、锰资源量分别约占当年需求量的 28%、28%、23%、42%；2030 年全球累计退役动力电池 2029 万吨（约 2123 GW·h），2030 年通过回收全球动力电池可再生的锂、钴、镍、锰资源量分别约占当年需求量的107%、107%、89%、161%。新能源汽车电池回收为未来一个巨大的潜力市场。

2018 年，工业和信息化部制定了《新能源汽车动力蓄电池回收利用溯源管理暂行规定》，建立新能源汽车国家监测与动力蓄电池回收利用溯源综合管理平台（简称"溯源管理平台"），对动力蓄电池生产、销售、使用、报废、回收、利用等全过程进行信息采集，对各环节主体履行回收利用责任情况实施监测。

以 2018 年新能源汽车批量交付为起点，未来两三年新能源汽车的电池退役将迎来一个爆发期。截至 2022 年 1 月 11 日，工业和信息化部认定的新能源汽车动力蓄电池回收服务网点共有 14 899 个。

从专利申请来看，在新能源汽车电池回收领域有相关专利申请排名前 10 位的申请人如图 2-33 所示。

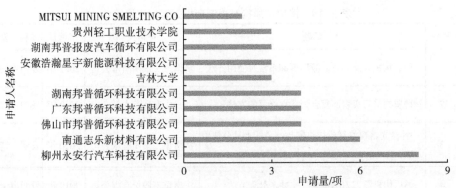

图 2-33 新能源汽车电池回收领域主要申请人

排名前 10 位的申请人分别是柳州永安行汽车科技有限公司、南通志乐新材料有限公司、佛山市邦普循环科技有限公司、广东邦普循环科技有限公司、湖南邦普循环科技有限公司、吉林大学、安徽浩瀚星宇新能源科技有限公司、湖南邦普报废汽车循环有限公司、贵州轻工职业技术学院、MITSUI MINING SMELTING CO。前 10 位申请人专利集中度为 16.3%，专利较为分散，没有明显的龙头企业。

柳州永安行汽车科技有限公司虽然专利申请量较多，但大部分已经撤回，获得授权的仅有一件在 2020 年申请的实用新型专利——CN202020326463.8，一种回收新能源汽车锂电池正极材料的装置，之后也未对新能源汽车电池回收相关专利进行相关申请。此外，通过企查查查询南通志乐新材料有限公司，该企业已经注销。

邦普循环科技有限公司（简称"邦普"）创立于 2005 年，总部位于广东佛山市。作为宁德时代新能源科技股份有限公司的子公司，邦普形成了上下游优势互补，打造电池全产业链循环体系，已成为国际顶级汽车企业合作伙伴。邦普自主研发的全球领先的动力电池全自动回收技术及装备，以独创的"逆向产品定位设计"及废料与原料对接的"定向循环"核心技术，在全球废旧电池回收领域率先破解了"废料还原"的行业性难题。作为中国国家标准制定单位，邦普已经成为中国动力电池回收处理全流程的技术标杆，其公司及子公司关于新能源汽车电池专利申请如表 2-15 所示。

表 2-15　广东邦普循环科技有限公司新能源汽车电池专利申请统计

序号	标题	申请号	申请日	当前法律状态
1	一种新能源汽车氢燃料电池的回收方法	CN202010637420.6	2020 年	授权
2	一种用于电动汽车尾箱动力电池回收拆解的整车上线系统	CN201510091147.0	2015 年	授权
3	一种用于电动汽车前箱动力电池回收拆解的双柱举升系统	CN201510090535.7	2015 年	撤回
4	电动汽车中箱动力电池回收翻转举升系统及回收拆解方法	CN201510165448.3	2015 年	撤回
5	一种电动汽车用动力型锰酸锂电池中锰和锂的回收方法	CN201110298498.0	2011 年	驳回
6	一种从电动汽车用磷酸钒锂动力电池中回收钒的方法	CN201110222393.7	2011 年	授权
7	一种从电动汽车磷酸铁锂动力电池中回收锂和铁的方法	CN201110147698.6	2011 年	授权
8	一种从电动汽车锂系动力电池中回收锂的方法	CN201110147696.7	2011 年	授权

　　值得注意的是，对于电动汽车的举升拆解装置及拆解方法均已撤回，后续也未再进行申请；对于锂电池中回收稀有元素的核心技术，早在 2011 年邦普已经掌握并申请专利，在最新的专利申请中开始布局相关氢燃料电池回收方法，可能是未来重要的技术研发方向。

　　专利申请量排名前 10 位的地市依次为北京市、广州市、深圳市、南通市、柳州市、武汉市、郑州市、佛山市、长沙市、阜阳市（图 2-34）。济南市仅有京鲁实业有限公司与冯涛有相关专利申请，整体较为薄弱（表 2-16）。

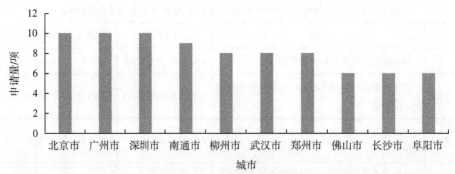

图 2-34 专利申请地市排名

表 2-16 济南市新能源汽车电池回收专利申请统计

序号	标题	申请号	申请日	专利类型	申请人	当前法律状态
1	一种新能源汽车电池多功能回收转运机构	CN202122432003.0	2021年10月10日	实用新型专利	冯涛	授权
2	一种新能源汽车用锂离子电池回收放电装置	CN201920893586.7	2019年6月14日	实用新型专利	京鲁实业有限公司	未缴年费

（3）轨道交通装备再制造

截至 2020 年年底，我国铁路运营里程 14.6 万千米，其中高铁运营里程 3.8 万千米，较"十一五"末增长近 5 倍，占世界高铁运营里程的 2/3 以上，为推动我国轨道交通发展注入了新力量。但从动车组运行的实际情况来看，预计今后 20～30 年我国将面临大批量高速列车产品报废的情景，如此将会给我国轨道交通领域带来很大负担。研究发现，所得到零部件的寿命特征也是不一样的，旧零部件的剩余使用寿命较短，如若对其进行再制造，那么，在下个寿命周期内其也难以与新产品相媲美，无法保证产品质量和可靠性。因此，在轨道车辆再制造中需要对旧零部件的再制造方案进行综合评估，明确旧零部件的使用寿命及其再制造能否保证质量及可靠性。目前，对于列车零部件的再制造，世界各国大企业均将目光落在零部件再制造使用周期上，利用计算机、网络技术、产品生命周期研究等，深入地、详细地分析轨道交通车辆的零部件工作状态、性能、质量等，进而综合分析与预测零部件的服役状态，探究零部件再制造后生命周期。

《国务院关于加快发展循环经济的若干意见》（国发〔2005〕22 号）（简称《意见》）明确提出废旧机电产品的再制造是我国加快发展循环经济及建设资源节约型社会的重点工作。为了贯彻落实《意见》，我国轨道交通领域积极推动轨道列车零部件的再制造业务。为了努力推行再制造业务，我国政府及相关部门大力支持、鼓励国内大型主机厂开展再制造业务，结合当地实际情况及轨道列车零部件实际工作情况，积极引用先进技术对零部件进行再制造，使列车零部件再制造在生命周期内能够安全、可靠地使用，提高列车零部件的使用价值。从近些年我国轨道车辆再制造发展情况来看，轨道车辆再制造主要目标是提升轨道车辆核心零部件和整机的再制造能力。这里所说的整机及核心零部件是指轨道的铝合金车体、牵引电机、牵引变压器、牵引控制、列车网络控制、制动系统、橡胶类部件、金属运动件、玻璃钢件、电线电缆、连接器类等。

未来我国列车轨道再制造将朝着运营车辆上零部件再制造和报废车辆再制造这两个方向发展。其中，运营车辆上零部件再制造是对零部件的生命周期状态予以检测和分析，在此基础上建立数学模型，挖掘有价值数据，探究零部件长期服役变化规律，进而以此为准优化调整零部件的运用，为零部件再制造创造条件。而报废车辆再制造，则是以实现报废车辆旧零部件资源的最优化利用为目标，利用先进技术来构建报废车辆旧零部件再制造方案模型，进而收集旧零部件的失效数据及历史服役数据，将其带入模型中分析旧零部件的剩余寿命周期及服役状态，进而计算旧零部件可靠性阈值，为此思考旧零部件的应用性及其能够应用的领域，制定合理的旧零部件再制造方案，对旧零部件进行开发与使用。

从专利申请来看，在轨道交通装备再制造领域有相关专利申请排名前 10 位的申请人如图 2-35 所示。

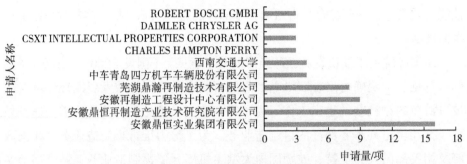

图 2-35　轨道交通装备再制造领域主要申请人

排名前 10 位的申请人分别是安徽鼎恒实业集团有限公司、安徽鼎恒再制造产业技术研究院有限公司、安徽再制造工程设计中心有限公司、芜湖鼎瀚再制造技术有限公司、中车青岛四方机车车辆股份有限公司、西南交通大学、CHARLES HAMPTON PERRY、CSXT INTELLECTUAL PROPERTIES CORPORATION、DAIMLER CHRYSLER AG、ROBERT BOSCH GMBH。其中前 4 位申请人均为鼎恒实业集团子公司，是此领域龙头企业。

安徽鼎恒实业集团有限公司是安徽省高新投、芜湖市建投、芜湖国家高新技术产业开发区新马投参股的一家混合所有制企业，中国科学院产学研单位、国家级再制造试点单位、国家级绿色工厂、安徽省"三重一创"重大专项。公司专业从事再制造，属于循环经济范畴，产业符合《中国制造 2025》规划及《战略性新兴产业重点产品和服务指导目录》（2016 版）7.3 项。目前公司拥有再制造材料、再制造装备、再制造工艺研究及加工制造等方面业务，被工业和信息化部认定为国家唯一一家再制造全产业链单位。

目前集团公司下辖再制造产业技术研究院、再制造技术工程中心等科研单位，建设了国家级再制造重点实验室、省级技术工程中心、省级工业设计中心。目前公司拥有 5 家子公司，涉及研发、材料、生产、装备等行业。

芜湖鼎瀚再制造技术有限公司专业从事再制造方面的表面涂层技术及相关材料的研发、开发，在涂层的配方、工艺、性能、结构及应用和相关应用研究方面取得了多项原创性的研究成果，特别是首创开发成功了纳米涂层技术。该公司通过创新的涂层设计思路和制备方法，把最新的纳米技术运用到传统的热喷涂技术中，创造性地开发出纳米涂层技术，具有世界领先水平。

安徽鼎恒再制造产业技术研究院有限公司是由中国科学院上海硅酸所、中国科学院苏州纳米所、安徽师范大学、安徽工程大学联合成立的重点研究院，其专业从事表面涂层技术和相关材料、再制造专用成套设备和再制造生产工艺的研发和成果转化。

安徽鼎恒再制造产业技术研究院有限公司轨道交通装备再制造专利申请统计如表 2-17 所示。

表 2-17　安徽鼎恒再制造产业技术研究院有限公司轨道交通设备再制造专利申请统计

序号	标题	申请号	申请日	专利类型
1	一种焊接件平推式供料装置	CN201810913951.6	2018 年 8 月 13 日	发明申请
2	等离子喷涂式再制造轨道机车轮对轮柄的装备	CN202010941571.0	2020 年 9 月 9 日	发明申请
3	一种对轨道车辆车轮损伤工作表面修复的装置	CN202010941553.2	2020 年 9 月 9 日	发明申请
4	一种再制造处理后的轨道车辆轮对踏面斜度检测设备	CN202010945136.5	2020 年 9 月 10 日	发明申请
5	一种将废旧轨道车辆轮回收制粉系统	CN202010946515.6	2020 年 9 月 10 日	发明申请
6	安装在再制造生产线上搬运存储轨道车辆轮对的装置	CN202010947172.5	2020 年 9 月 10 日	发明申请
7	一种电镀法解决轨道车辆轮柄再制造的设备	CN202010945298.9	2020 年 9 月 10 日	发明申请
8	用于将堆焊修复后轨道车辆车轮的表面处理装置	CN202010953464.X	2020 年 9 月 11 日	发明申请
9	一种自动更换待测试轨道车辆齿轮的上料换件机	CN202010953492.1	2020 年 9 月 11 日	发明申请
10	解决轨道车辆轮对轮柄台阶修复用的自动喷涂器	CN202010953501.7	2020 年 9 月 11 日	发明申请
11	一种弧面喷涂式轨道车辆制动盘弧面修复机	CN202010953478.1	2020 年 9 月 11 日	发明申请

续表

序号	标题	申请号	申请日	专利类型
12	一种在再制造修复过程中实现轨道车辆车轮翻转的工装	CN202010954011.9	2020年9月11日	发明申请
13	一种在修复前去除轨道车辆轮柄外部缺陷部位的加工装备	CN202010956972.3	2020年9月12日	发明申请
14	一种针对轨道车辆轮对电镀再制造修复后表面冲洗站	CN202010957048.7	2020年9月12日	发明申请
15	可对轨道车辆轮对的齿轮箱齿轮再制造的激光熔覆系统	CN202010957074.X	2020年9月12日	发明申请
16	一种自适应式打磨轨道车辆轮对修复后表面的设备	CN202010966517.1	2020年9月15日	发明申请
17	一种在预处理环节完成轮柄再制造前的预热装备	CN202010967869.9	2020年9月15日	发明申请
18	一种短距离转移待修复轨道车辆轮对的承载架	CN202010966488.9	2020年9月15日	发明申请
19	利用等离子熔覆技术对轨道车辆轮对再制造处理的系统	CN202010966485.5	2020年9月15日	发明申请
20	修复后性能测试用轨道车辆轮柄与车轮插入式组装器	CN202010967881.X	2020年9月15日	发明申请
21	一种应用于轨道车辆轮对等离子喷涂修复中的夹紧工装	CN202010973783.7	2020年9月16日	发明申请
22	一种能够起吊轨道车辆轮对辅助修复的起吊器	CN202010980015.4	2020年9月17日	发明申请
23	针对踏面磨损再制造的轨道车辆轮对用等离子修复装置	CN202010979975.9	2020年9月17日	发明申请
24	一种可用于承载轨道车辆轮对辅助实现修复的工作台	CN202010979948.1	2020年9月17日	发明申请
25	一种专用于轮对修复后的多功能检测装置	CN202010988705.4	2020年9月18日	发明申请
26	实现对轨道车辆轮柄再制造处理的等离子处理系统及方法	CN202010988957.7	2020年9月18日	发明申请

续表

序号	标题	申请号	申请日	专利类型
27	采用废旧轨道车辆车轮为原料的再制造修复系统	CN202010985917.7	2020 年 9 月 18 日	发明申请
28	一种基于喷焊技术修复轨道车辆轮对的喷焊系统及方法	CN202010990664.2	2020 年 9 月 19 日	发明申请
29	在再制造处理后的轨道车辆齿轮表面进行硬化处理的装备	CN202010990823.9	2020 年 9 月 19 日	发明申请
30	一种往复移动式加工再制造后轨道车辆轮柄的外形修整机	CN202010989906.6	2020 年 9 月 19 日	发明申请
31	堆焊修复轨道车辆轮对用焊丝供应台	CN202011008504.X	2020 年 9 月 23 日	发明申请
32	一种中频重熔对轨道车辆轮对修复装置及方法	CN202011011028.7	2020 年 9 月 23 日	发明申请
33	一种 3D 打印轨道车辆轮成型后的性能检测机	CN202011008484.6	2020 年 9 月 23 日	发明申请
34	一种能在修复轨道车辆轮对外侧面时应用的束缚装置	CN202011015251.9	2020 年 9 月 24 日	发明申请
35	一种轨道机车轮对装配设备	CN202011017507.X	2020 年 9 月 24 日	发明申请
36	通过明弧焊对轨道车辆轮对再制造的明弧焊系统及方法	CN202011033071.3	2020 年 9 月 27 日	发明申请
37	一种多方位喷涂再制造轨道车辆轮的专用再制造工作站	CN202011035060.9	2020 年 9 月 27 日	发明申请
38	一种可解决修复前轨道车辆轮踏面的预处理装置	CN202011040745.2	2020 年 9 月 28 日	发明申请
39	一种流水线式定角度喷涂修复轨道车辆轮对的系统	CN202011051125.9	2020 年 9 月 29 日	发明申请
40	便携式轨道车辆轮对踏面磨损度检测器	CN202011205641.2	2020 年 11 月 2 日	发明申请
41	轨道车辆轮对再制造处理的埋弧焊系统及方法	CN202011204192.X	2020 年 11 月 2 日	发明申请
42	模拟工况测试再制造后轨道车辆齿轮性能的模拟测试机	CN202011314617.2	2020 年 11 月 21 日	发明申请

续表

序号	标题	申请号	申请日	专利类型
43	一种在线对轨道车辆轮对再制造处理的明弧焊移动系统	CN202011621427.5	2020 年 12 月 31 日	发明申请

安徽鼎恒实业集团有限公司在 2020 年对轨道车辆再制造进行了密集的专利申请，主要应用领域为轨道交通车辆轮对，使用技术包括等离子喷涂、激光熔覆、堆焊、弧焊等，专利布局较为全面。但其大部分专利处于撤回状态，变成了公知技术。

专利申请量排名前十的地市依次为芜湖市、北京市、成都市、长春市、青岛市、上海市、唐山市、常州市、徐州市、柳州市（图 2-36）。山东省内中车青岛四方机车车辆股份有限公司已经开始了相关技术研发并申请专利，与陕西天元智造开展相关合作，成功进行了动车组车轴、联轴节端盖、铝合金轴箱体等零部件的再制造技术开发，其中高、低压冷喷涂技术在车辆铝合金部件再制造、车体修复中已投入应用。济南市轨道交通装备再制造专利申请如表 2-18 所示。

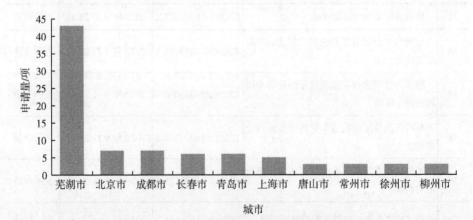

图 2-36　轨道交通装备再制造专利申请地市排名

表 2-18　济南市轨道交通装备再制造专利申请统计

序号	标题	申请号	申请日	专利类型
1	一种轨道车辆用铝合金的疲劳寿命检测方法及系统	CN201710575850.8	2017 年 7 月 14 日	发明申请
2	车轴再制造方法	CN201911216446.7	2019 年 12 月 2 日	发明申请
3	轨道车辆车轴的激光熔覆再制造装置及再制造方法	CN202110023930.9	2021 年 1 月 8 日	发明申请
4	轨道车辆结构件的振动疲劳可靠性试验方法及装置	CN202111266513.3	2021 年 10 月 28 日	发明申请

（4）风力发电机组再制造

近年来风力发电产业大规模增长，受设计寿命及经济性发展影响，风力发电机组退役高潮将在 2025 年达到一个高峰，未来随着产业发展，风力发电机组退役的规模还会大幅增加。如何合理处置大批量的退役机组，给行业带来巨大压力。

风力发电作为引领可再生能源发展的主力军，需要积极承担起绿色环保责任，打通产业健康发展的最后一环。目前行业关于风力发电大部件回用、再制造的管理体系尚不健全，信息分享不通畅，造成很多有价值的部件被当作"垃圾"处理。如何将这些部件循环利用起来，区分哪些部件可以直接通过检测以后回用、哪些可以通过再制造等方式二次使用是项目组成立的主要目的。中国物资再生协会在各行业设备回收利用方面具有充分的经验，成立风电设备循环利用专业委员会，计划为风电光伏的零部件循环利用提供交流平台，在学习借鉴中国物资再生协会成熟工作模式的同时，与行业内部联合起来，制定更好的规则标准规范行业的发展，实现产业退役机组资源的最大化利用。

2022 年，国家能源局颁布《风电场改造升级和退役管理办法（征求意见稿）》，鉴衡等企业参加了应对这类老旧机组延寿、退役及回收再利用问题的顶层设计，此外，鉴衡在 2021 年率先成立了关于叶片绿色回收与应用的联合体，并与丰诺（江苏）环保科技有限公司签署战略合作协议，双方将围绕风电叶片绿色回收与应用工作率先开展合作试点。

从专利申请来看，在风力发电机组再制造领域有相关专利的申请人共有

21 家：分别是中车永济电机有限公司、INDUSTRY ACADEMIC COOPERATION FOUNDATION KUNSAN NATIONAL UNIVERSITY、TOSHIBA CORP、TOSHIBA ENERGY SYSTEM SOLUTION CORP、上海宝钢工业技术服务有限公司、上海电气风电集团股份有限公司、上海致远绿色能源股份有限公司、上海辛帕工业自动化有限公司、中能电力科技开发有限公司、内蒙古金属材料研究所、北京京冶后维风电科技发展有限公司、北京航空航天大学、四川精通电气设备有限公司、国家电网公司、国电联合动力技术有限公司、国网冀北节能服务有限公司、安徽威龙再制造科技股份有限公司、明阳智慧能源集团股份公司、沈阳工业大学、西安易诺敬业电子科技有限责任公司（图 2-37）。

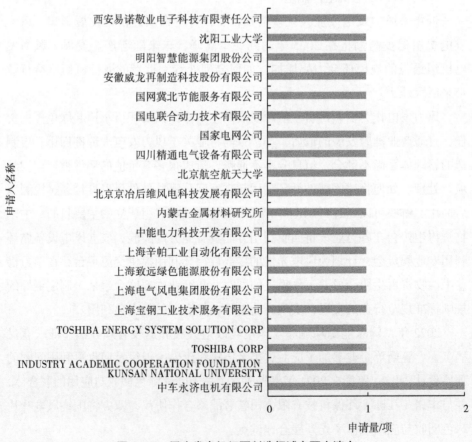

图 2-37 风力发电机组再制造领域主要申请人

　　与产业发展相对应，此项技术领域专利申请也较少，中车永济电机有限公司专利申请量最多（为 2 项），国家电网也开始了相关研发进程，旗下国家电网公司、国电联合动力技术有限公司、国网冀北节能服务有限公司 3 家公司进行了专利申请。

　　中车永济电机有限公司，成立于 1969 年，总资产 82 亿元。公司现有在册员工 5000 余人，其中工程技术人员 1119 人。在西安、无锡设立研发中心，在西安设有两家全资子公司、一家控股子公司、一家合资公司，在印度、南非也设立了海外合资公司，是博士后科研工作站设站单位、国家级企业技术中心及国家认可实验室。目前是我国最大的机车、动车电传动装置研制基地，国内最大的风力发电机配套企业。

　　中车永济电机有限公司聚焦交通装备、能源装备两大领域，专注于做精高端芯片、关键部件、系统集成三大产品。与美国 GE、EMD、日本日立、东芝、法国阿尔斯通、德国西门子等国际知名公司在动车、电力机车、内燃机车电机和变流装置技术领域开展广泛的交流合作，形成了集器件、电机、变流器、电传动集成技术为一体的电传动系统自主创新体系。中车永济电机有限公司 IGBT 器件、电机、变流装置及电传动系统产品覆盖中国铁路 15 种型号动车组、11 种型号大功率电力机车和内燃机车；风电产品涵盖双馈、永磁直驱、半直驱系列，实现从 600 kW～5 MW 不同功率等级的全覆盖，其专利申请如表 2-19 所示。

表 2-19　中车永济电机有限公司风力发电机组再制造专利申请统计

序号	标题	申请号	申请日	专利类型	当前法律状态
1	一种风力发电机轴承故障定位及分类模型的构建方法	CN202011335435.3	2020 年 11 月 25 日	发明申请	实质审查
2	风力发电机轴承剩余使用寿命预测模型的构建方法	CN202010416839.9	2020 年 5 月 18 日	发明申请	实质审查

　　中车永济电机有限公司在 2020 年 11 月针对风力发电机轴承申请了两项专利，涉及故障定位与剩余使用寿命预测，目前所申请的大部分专利也均是此方

向，进行再制造修复的专利仅有安徽威龙再制造科技股份有限公司申请的专利 CN201710537478.1 中有所涉及，此发明公开了一种风机叶片表面修复方法，属于风机的修复技术领域，通过叶片表面预处理→喷涂前的预热→喷涂材料准备→超音速喷涂→封孔处理 5 个步骤，喷涂材料选择用 NiAl 材料打底，能够消除耐磨工作层与叶片基层之间材料热膨胀系数不匹配的问题，以减小由工作层和叶片基层膨胀系数不匹配而引起的热应力，改善工作层与叶片基层间的力学匹配和物理相容性；工作层为 WC-12Co 复合涂层或 NiCr-Cr$_3$C$_2$ 复合涂层。

专利申请量排名前十的地市依次为上海市、北京市、运城市、中山市、包头市、德阳市、沈阳市、深圳市、石河子市、西安市（图 2-38）。济南市乃至山东省并没有相关企业和科研高校进行专利申请。

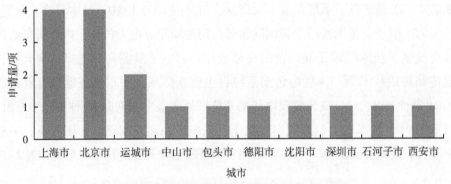

图 2-38　风力发电机组再制造专利申请地市排名

（5）工程机械液压产品再制造

液压系统是工程机械运行的关键部件，工程机械大多处于非常恶劣的工作环境，使得液压系统极易发生故障。故障液压产品如作为废品回炉再利用，则会浪费其附加值，还会消耗大量的资源。对废旧液压产品进行回收、修复，使其性能恢复，能使企业与用户获取巨大的经济效益。

2005 年 12 月，卡特彼勒公司在中国上海临港产业制造园成立了第一家再制造工厂——卡特彼勒再制造工业（上海）有限公司，主要对液压产品（液压泵）、发动机零部件产品（油泵、水泵、缸盖、油缸总成）和燃油系统产品（喷油器）三大类产品进行再制造，可见液压产品的重要性。

2018 年 10 月 20 日，安徽博一流体传动股份有限公司、合肥再制造交易中心有限责任公司、赛克思液压科技股份有限公司、合肥引力波数据科技有限公司、合肥瑞曼科技发展有限责任公司、合肥硕亿电子有限公司、合肥川正科技有限公司、合肥华清方兴表面技术有限公司、安徽德诺科技股份公司、蚌埠市行星工程机械有限公司和合肥长源液压股份有限公司联合起草了行业标准《工程机械液压系统再制造液压柱塞泵》《工程机械液压系统再制造液压多路阀》《工程机械液压系统再制造液压柱塞马达》《工程机械液压系统再制造螺杆泵》《工程机械液压系统再制造液压油缸》《挖掘机液压系统再制造液压手柄阀》。

从专利申请来看，在工程机械液压产品再制造领域有相关专利申请排名前10 位的申请人如图 2-39 所示。分别是 CATERPILLAR INC.、山东能源机械集团大族再制造有限公司[①]、天津工程机械研究院、湖南大学、陕西天元智能再制造股份有限公司、陕西天元材料保护科技有限公司、AWWAD USAMA Y、SIMPSON TRENT A、卡特彼勒公司、威海浩洋机械制造有限公司。卡特彼勒公司拥有的专利最多，但其专利申请集中在 2000 项左右，近几年已经没有相关专利申请；国内专利申请较多的企业是山东能源机械集团大族再制造有限公司与陕西天元智能再制造股份有限公司。

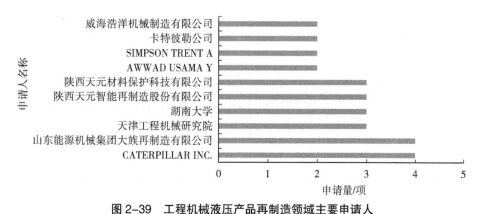

图 2-39　工程机械液压产品再制造领域主要申请人

---

① 属于山东能源重型装备制集团有限责任公司子公司。

山东能源重型装备制造集团有限责任公司（简称"山能重装"）是世界500强企业——山东能源集团有限公司的二级单位，是在整合重组原新矿集团、枣矿集团、临矿集团矿山装备制造企业基础上设立的装备制造企业。

山能重装总部位于泰安市高新区，所属企业分布于山东省内泰安、枣庄、莱芜、兖州等地区，并在内蒙古、新疆、陕西分别建有大型装备制造与再制造基地，在北京建立了机械产品再制造国家工程研究中心和国际采矿设备研究院，目前形成了"制造、再制造与现代服务业"并举协同的产业格局，是国内综合配套系列最全的矿山装备制造和服务商，其起草的《千万吨级综合机械化放顶煤工作面设备选型配套技术要求》通过了国家能源局的批准，进入正式实施阶段。与德国、波兰、瑞典、捷克、澳大利亚等国际知名企业，以及国内中国传动集团、兖矿集团、清华大学、中国人民解放军装甲兵工程学院等企业、高等院校开展合资合作，先后建成了一大批优质项目，培育出一系列优质产品和先进技术。与 KOPEX 公司合作生产的液压支架产品，最大工作阻力 16 000 KN；与 SNADVIK 公司合作生产的硬岩掘进机产品，最大装机功率 300 KW，切割硬度 F13 以上；与 DILAS 公司合作生产的半导体激光器产品，目前最大功率达到 8000 W，广泛应用于激光熔覆再制造及激光焊接、3D 打印等领域，其专利申请如表 2-20 所示。

表 2-20　山能重装工程机械液压产品再制造专利申请统计

序号	标题	申请号	申请日	专利类型
1	一种激光熔覆用合金粉末	CN201210159336.3	2012 年 5 月 22 日	发明申请
2	一种在液压支架的立柱的表面形成激光熔覆层的方法	CN201210159355.6	2012 年 5 月 22 日	发明申请
3	一种激光熔覆方法	CN201210159369.8	2012 年 5 月 22 日	发明申请
4	矿用液压支架立柱的激光熔覆方法	CN201010226686.8	2010 年 7 月 2 日	发明授权

陕西天元智能再制造股份有限公司（简称"天元智造"）专注于再制造技术研发和应用，致力于构建再制造全产业链，打造再制造生态圈，促进循环工业体系建设，助力双碳目标圆满实现。经过 10 多年的持续投入和探索，天元

智造已攻克多个再制造技术难题，产品和技术已广泛应用在煤炭、石油、冶金、轨道交通等行业，取得了显著的经济效益和社会效益。

天元智造在煤炭行业打通了从煤矿废旧设备回收、再制造产品设计和标准制定、再制造技术及装备开发、再制造产品生产及供应链建设、再制造产品销售及服务等煤机设备再制造全产业链。为用户及时提供高可靠、低成本的煤机三机一架全套设备及零配件；在石油行业，与长庆油田合作，成立了国内第一家石油行业再制造中心，引领了石油行业再制造的发展；在轨道交通行业，与中车四方合作，成功进行了动车组车轴、联轴节端盖、铝合金轴箱体等零部件的再制造技术开发，其中高、低压冷喷涂技术在车辆铝合金部件再制造、车体修复等领域已投入应用。

陕西天元智能再制造股份有限公司、西安陕鼓动力股份有限公司等共同发起，联合西安交通大学、西北工业大学等 7 家高校共同组建了西安智能再制造研究院暨陕西省智能再制造创新中心。立足于再制造产业前沿发展战略，集聚国际国内创新资源，突破再制造关键核心技术，培育智能再制造人才，搭建"政、产、学、研、用及投融资、双创"融合创新平台，促进行业转型升级和高质量发展，其专利申请如表 2-21 所示，2020—2021 年申请的 2 项专利中，开始引入激光清洗与激光熔覆技术。

表 2-21　西安智能再制造研究院暨陕西省智能再制造创新中心
工程机械液压产品再制造专利申请统计

序号	标题	申请号	申请日	专利类型
1	一种液压支架油缸激光清洗设备	CN202111109387.0	2021 年 9 月 22 日	发明申请
2	一种液压支架油缸内壁激光熔覆方法	CN202010379945.4	2020 年 5 月 8 日	发明申请
3	一种液压缸活塞杆或中级缸外表面的修复再制造方法	CN201410383316.3	2014 年 8 月 6 日	发明授权
4	一种推移液压缸拆卸工装	CN201310633956.0	2013 年 11 月 29 日	发明申请
5	一种大直径液压油缸缸体的修复再制造系统和方法	CN201310509604.4	2013 年 10 月 25 日	发明申请
6	一种内挤涂装置及其挤涂方法	CN201110420051.6	2011 年 12 月 15 日	发明申请

专利申请量排名前十的地市依次为长沙市、武汉市、泰安市、芜湖市、西安市、天津市、北京市、威海市、徐州市、上海市（图 2-40）。济南市仅有济南萱谋机械再制造有限公司有相关专利申请，为一种挖掘机液压系统专用清洗装置。

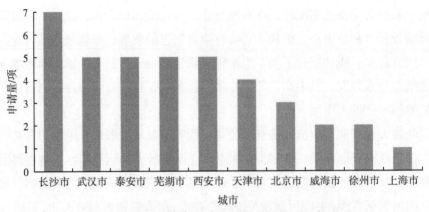

图 2-40　工程机械液压产品再制造专利申请地市排名

2.4　小结

本报告分别检索了再制造修复技术、绿色检测技术、绿色清洗技术等专利文件，最终共计筛选到再制造方面的专利 15 673 项。其中，国内专利申请 8254 项，国外专利申请 7419 项；失效专利 7408 项，审中专利 1686 项，有效专利 5223 项，未确认专利 618 项，PCT- 有效期内专利 32 项，PCT- 有效期满专利 706 项。

从社会环境层面来看，产业专利布局（申请量）对社会环境重要节点反应明显，与其息息相关，在专利规模（产业规模）较小时政策刺激会快速促进增长；反之，随着规模扩大，市场对其影响则越来越大（参考德国与日本）。

在德国、美国、日本 3 个产业发达国家专利分布上，修复技术与检测评估技术是最为核心的技术环节，而在应用领域其他领域再制造如航空装备再制造、轨道交通装备再制造、办公设备再制造的专利申请量已经同汽车零部件再制造相当，工程机械再制造与机床再制造专利申请量较少。

此项技术领域高价值专利拥有量排名前十的申请人，在修复技术的布局大部分超过 40%，沈阳大陆激光技术有限公司、山东能源重装集团大族再制造有限公司、安徽鼎恒再制造产业技术研究院有限公司 3 家企业更是超过 60%，应用领域主要集中在汽车零部件再制造与其他领域再制造（包含轨道交通装备再制造、航空装备再制造等）。

在关键技术环节分支上，修复技术分支专利数量占比最大（为 66%），其次为检测评估技术 20%、其他技术 11%、新兴技术 2%、清洗技术 1%。再从近几年专利申请趋势来看，修复技术分支专利年申请量连年攀升，检测评估技术专利年申请量较为稳定，其余分支专利年申请量较少。

从技术功效来看，2017—2021 年，拆解与回收技术领域专利申请主要提升的技术功效为效率，其次为操作流程、系统的复杂性、可靠性、适应性、通用性，最后是速度与稳定性。

在应用领域分支上，汽车零部件再制造分支专利数量占比最大（为39%），其次为其他领域再制造（包含轨道交通装备再制造、航空装备再制造等）37%、工程机械再制造 21%、机床再制造 3%。再从近几年专利申请趋势来看，汽车零部件再制造分支专利年申请量连年攀升，近两年有了较大优势，工程机械再制造与其他领域再制造专利年申请量也有一定的增长，机床再制造专利年申请量一直较少。

第3章　济南市机械产品绿色（再）制造产业发展定位

本章立足区域产业现状，以专利信息对比分析为基础，明确区域产业发展定位，并从宏观和微观两个层面揭示区域产业发展在结构布局、企业培育、技术发展、人才储备等方面存在的问题。

全国产业相关高价值专利拥有量地市排名依次为北京市、上海市、芜湖市、沈阳市、西安市、杭州市、苏州市、武汉市、南京市、泰安市、天津市、长沙市、唐山市、重庆市、成都市、广州市、济南市、镇江市、青岛市、宁波市，结合第1章分析的内容，从产业区位优势（主要以全国产业圈为主）、产业市场潜力（综合相关制造业产值、汽车保有量等）、产业技术实力（龙头企业数量、高价值专利拥有量、科研院所等）方面对这些城市进行综合定位，大体上反映了此地区产业发展的真实水平（图3-1）。

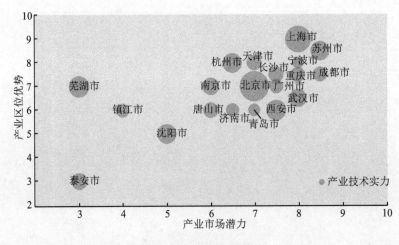

图 3-1　综合对比定位

图 3-1 可以看出，在产业区位优势与产业市场潜力上，上海市、苏州市、宁波市、重庆市、成都市具有较大优势；其次为天津市、长沙市、北京市、广州市，北京市拥有众多高校与央企且拥有最多的高价值专利数量；杭州市、南京市、唐山市、济南市、西安市、武汉市、青岛市则各具所长，拥有不错的产业发展潜力；另外，值得注意的是沈阳市与泰安市虽然在区位与市场上不占优势，但产业技术发展水平较高，综合选择上海市、沈阳市、南京市、长沙市、青岛市与济南市进行对比定位。

3.1 济南市产业布局结构定位

对全国各分支专利进行统计，并确定上海市、沈阳市、南京市、长沙市、青岛市与济南市六市各分支专利全国占比情况，如表 3-1 所示，条件格式为横向填充，全国专利量最多的分支为修复技术，其次为汽车零部件再制造，之后是工程机械再制造、检测评估技术、其他领域再制造、回收，其余分支专利数量较少。

表 3-1　济南市各技术分支对比定位

一级分支	二级分支	全国	上海市	沈阳市	南京市	长沙市	青岛市	济南市
应用领域	汽车零部件再制造	1072	12.7%	2.0%	1.4%	2.0%	0.9%	1.1%
	其他领域再制造	803	4.0%	2.6%	2.5%	1.6%	0.6%	1.2%
	机床再制造	133	2.3%	6.8%	0	0.8%	1.5%	0
	工程机械再制造	630	5.6%	1.6%	1.9%	3.7%	2.2%	1.1%
关键技术环节	其他技术环节	190	5.8%	1.6%	1.6%	1.1%	1.1%	1.6%
	修复技术	3302	3.5%	4.7%	2.2%	1.5%	1.7%	1.5%
	检测评估技术	674	8.6%	1.2%	3.1%	3.0%	0.9%	1.3%
	新兴技术	323	1.6%	3.9%	7.0%	3.1%	0	0.8%
	清洗技术	319	2.4%	0	3.6%	3.6%	0	3.6%
拆解与回收	装配	55	1.8%	7.3%	0	7.3%	0	0
	回收	361	5.3%	1.9%	3.2%	2.2%	2.2%	0.8%
	拆解	279	3.9%	0.6%	0.6%	11.0%	2.2%	3.9%

总体来看，济南市在拆解、回收与各应用领域的专利基础都较为薄弱，但在关键技术环节有一定的基础。在汽车零部件再制造技术领域，其余五市与上

海市均有较大差距，济南市可以同上海市展开积极合作；在修复技术分支上海市与沈阳市较为领先，济南市与南京市、长沙市、青岛市相当，可以通过自主研发提升自身核心竞争力；清洗技术虽然全国专利较少，但济南市已经开始了相关研发，可以继续推进，抢占先机。

目前再制造企业主要分为3种：第1种是原制造商投资、控股或者授权生产的再制造企业，包括原始设备制造商（Original Equipment Manufacturer，OEM）和原装配件供应商（Original Equipment Services，OES），这类企业拥有自己的再制造品牌，再制造产品通过原制造企业的备件和服务体系流通销售；第2种是独立的再制造公司，这类公司不依附于任何一家原制造厂，完全根据维修市场的需求生产再制造产品，只需对所生产的再制造产品质量负责；第3种是小型再制造工厂，它们以各种灵活方式为客户提供完善和差异化的再制造服务。济南市目前从事再制造相关的44家企业中，原始设备制造商占比仅为25%，其他类型企业（如小型再制造工厂）占绝大多数，产品较为单一，服务网络落后，并没有形成完善的企业体系（图3-2）。

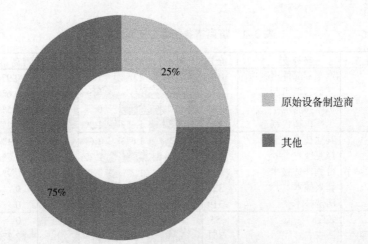

图3-2　济南市原始设备制造商占比

3.2 技术创新实力定位

结合全国均值，对上海市、沈阳市、南京市、长沙市、青岛市、济南市在发明专利占比、有效专利占比、平均权利要求数、近 3 年专利申请占比、合作申请占比、海外申请占比 6 个维度进行统计对比分析，如表 3-2 所示。

表 3-2　创新实力对比定位

对比项	全国	上海市	沈阳市	南京市	长沙市	青岛市	济南市
发明专利占比	61.73%	55.04%	69.65%	69.15%	47.51%	54.92%	50.45%
有效专利占比	46.72%	48.03%	58.75%	53.19%	48.62%	41.80%	58.56%
平均权利要求数	6.73	6.70	3.98	6.91	6.13	6.38	7.69
近 3 年专利申请占比	34.49%	34.86%	18.68%	49.47%	34.25%	48.35%	36.03%
合作申请占比	7.80%	11.40%	3.11%	5.32%	16.58%	0.82%	2.70%
海外申请占比	2.15%	2.86%	0.39%	1.59%	3.86%	0.82%	0

如表 3-2 所示，目前全国均值、上海市、沈阳市、南京市、长沙市、济南市发明专利占比分别为 61.73%、55.04%、69.65%、69.15%、47.51%、54.92%、50.45%；有效专利占比分别为 46.72%、48.03%、58.75%、53.19%、48.62%、41.80%、58.56%；平均权利要求数分别为 6.73、6.70、3.98、6.91、6.13、6.38、7.69；近 3 年专利申请占比分别为 34.49%、34.86%、18.68%、49.47%、34.25%、48.35%、36.03%；合作申请占比分别为 7.80%、11.40%、3.11%、5.32%、16.58%、0.82%、2.70%；海外申请占比分别为 2.15%、2.86%、0.39%、1.59%、3.86%、0.82%、0。

其中，济南市在发明专利占比、合作申请占比、海外申请占比方面低于全国均值；在近 3 年专利申请占比略高于全国均值；在有效专利占比与平均权利要求数上表现优异。总体来看，济南市技术研发活跃度不高、缺少合作研发、创新质量稍差，但在专利维持、技术成果转化方面做得较好，拥有优渥的创新土壤。

近 10 年来全国再制造相关论文发表活跃度较高的科研院校依次为清华大学、重庆大学、东北大学、山东大学、燕山大学、东南大学、湖南大学、天津大学、吉林大学、南京航空航天大学、广西大学。山东大学作为济南市最主要的研究院校，近5年研究论文数量同比增长超过80%，进步较为迅速（图3–3）。

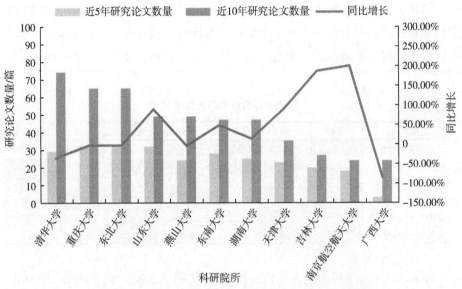

图3–3　全国重点科研院所再制造相关论文发表情况

［注：检索范围：文献来源限定为中国知网基础科学、工程科技Ⅰ辑、工程科技Ⅱ辑，以及信息科技4类目录下的期刊、会议、学位论文等（本书所指科技论文），大学学报和学院学报博士论文和硕士论文；文献语种限定为中文；关键词限定为再制造；发表时间限定为2012—2021年］

3.3　企业与科研院所定位

对全国申请人进行筛选，专利申请超过10项的申请人共有135家（排除个人申请），将其确定为重点申请人。其中，企业82家，占比为61%，专利（全国）占比为26.36%；科研机构53家，占比为39%，专利占比为18.03%。排在前几位的省份依次为安徽省、江苏省、北京市、山东省、辽宁省、浙江省、上海市、河北省、陕西省、湖北省，主要集中在长三角地区，山东省排名靠前，但与前几位还有一定差距。

对上海市、沈阳市、南京市、长沙市、青岛市、济南市重点企业与重点科研院所进行统计分析，具体如表3–3、表3–4所示。

表 3-3　重点企业对比

城市	企业	总体专利申请数量 / 项	专利占比
上海市	上海新孚美变速箱技术服务有限公司	44	23.50%
	上海锦持汽车零部件再制造有限公司	30	
	上海车功坊智能科技股份有限公司	18	
	车功坊（江苏）汽车零部件再制造科技有限公司	15	
沈阳市	沈阳大陆激光技术有限公司	65	48.20%
	沈阳大陆激光成套设备有限公司	31	
	沈阳大陆激光工程技术有限公司	16	
	沈阳金研激光再制造技术开发有限公司	12	
南京市	南京中科煜宸激光技术有限公司	24	19.10%
	南京田中机电再制造有限公司	12	
长沙市	湖南轩辕春秋工程机械再制造有限公司	19	46.06%
	湖南法泽尔动力再制造有限公司	17	
	湖南精城再制造科技有限公司	12	
	湖南精城特种陶瓷有限公司	12	
	湖南邦普循环科技有限公司	11	
	湖南邦普汽车循环有限公司	11	
济南市	中国重汽集团济南复强动力有限公司	11	18.90%
	济南天业工程机械有限公司	10	

表 3-4　重点科研院所对比

城市	科研院所	总体专利申请数量 / 项	专利占比
上海市	上海交通大学	42	21.30%
	上海电机学院	20	
	上海大学	15	
	上海工程技术大学	10	
	同济大学	10	
沈阳市	沈阳工业大学	31	17.50%
	东北大学	14	
南京市	南京航空航天大学	21	27.10%
	东南大学	15	
	南京工程学院	15	
长沙市	湖南大学	15	14.40%
	中南大学	11	
青岛市	青岛科技大学	44	36.00%
济南市	山东大学	58	52.60%

　　如表 3-3 与表 3-4 所示，上海市、沈阳市、南京市、长沙市、青岛市、济南市重点企业数量分别为 4 家、4 家、2 家、6 家、0 家、2 家，专利占比分别为 23.50%、48.20%、19.10%、46.06%、0、18.90%。其中，沈阳市与长沙市重点企业专利占比接近 50%；重点科研院所数量分别为 5 家、2 家、3 家、2 家、1 家、1 家，青岛市与济南市虽然只有 1 家上榜，但其相关专利分别占到当地专利的 36.00% 与 52.60%。

　　总体来看，长沙市与沈阳市产业发展依赖于重点企业，重点企业区位优势明显；南京市与上海市两者较为均衡，综合专利占比在 40% 左右，接近全国均值，专利集中度不高，产业发展活力强；济南市虽然有 2 家重点企业，其专利占比较小，技术研发有待加强，但山东大学申请了济南市此项产业超过五成的专利，拥有较多高价值专利。

3.4　人才储备定位

将专利申请量 3 项以上的专利申请人定义为重要发明人，专利申请量 5 项
以上的定义为核心发明人，全国排名前 100 位（包括并列）的发明人定义为领
军发明人，其中重要发明人虽然有了一定专利申请，但仍可能转到其他行业，
存在不确定性。

上海市、沈阳市、南京市、长沙市、青岛市、济南市重要发明人数量分
别为 42 人、34 人、25 人、28 人、28 人、39 人；核心发明人数量分别为 32
人、40 人、23 人、20 人、20 人、16 人；领军发明人数量分别为 5 人、5 人、
0 人、0 人、2 人、1 人；平均发明人团队人数（计算申请 1 项专利所需要的发
明人人数）分别为 3.169 人、4.96 人、4.2 人、3.679 人、4.74 人、5.02 人，全
国均值为 3.88 人（图 3-4）。

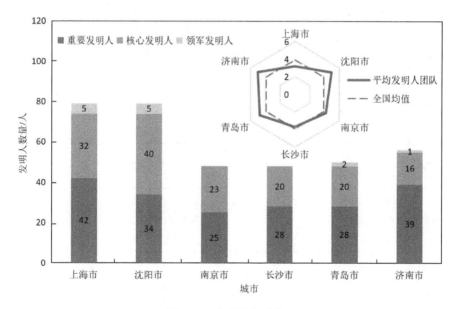

图 3-4　人才储备对比

济南市拥有较多重要发明人，应该对其加强培养，增加机械产品绿色（再）
制造产业的人才储备；但在核心发明人方面，落后于其他五市，还可以通过诸

如引进等方式进行补充；发挥领军发明人的作用，对关键技术环节进行攻坚。

济南市核心发明人，如表 3-5 所示。

表 3-5　济南市核心发明人

发明人	单位	研发方向
李方义	山东大学	再制造理论方法和技术；产品全生命周期建模，产品环境影响评估
李剑峰	山东大学	绿色制造关键共性技术与装备：面向环境的设计与制造；面向拆卸回收的设计制造
贾秀杰	山东大学	绿色设计、绿色制造、再制造等相关研究
李燕乐	山东大学	先进柔性成形技术、绿色制造与再制造/增材制造、燃料电池制备与模拟
杜际雨	山东大学	盾构机再制造
鹿海洋	山东大学	再制造表面工程，热喷涂
孙俊生	山东大学	焊接材料与材料焊接性、焊接过程的数值模拟
冉学举	山东大学	再制造，热喷涂
王黎明	山东大学	绿色设计与智能制造
王兴	山东大学	再制造清洗
李振	山东大学	再制造，热喷涂
张兴艺	山东大学	再制造，热喷涂
王兆军	济南天业工程机械有限公司	汽车零部件再制造
陈波	中国重汽集团济南复强动力有限公司	汽车零部件再制造
李建勇	山东大学	智能制造、绿色制造、低碳制造等
满佳	山东大学	绿色制造

3.5　专利运营实力定位

济南市目前已基本构建起要素完备、体系健全、运行顺畅的知识产权运营服务体系，知识产权创造质量、保护效果、运用效益、管理能力和服务水平显著提升，知识产权与创新资源、金融资本、产业发展有效融合，对全市产业升级和经济转型的引领支撑作用显著提升。已经形成 30 多个规模较大、布局合理、对产业发展和国际竞争力具有支撑保障作用的高价值专利组合，其中发明专利数量超过 50 项，PCT 申请超过 10 项。商标注册总量达到 25 万件，驰名商标总量达到 78 件，马德里商标国际注册总量达到 550 件，知识产权核心竞争力得到充分显现。

规模以上工业企业、高新技术企业知识产权管理规范化，知识产权管理规范贯标单位达到 600 家以上，专业知识产权托管服务累计覆盖小微企业 5000家以上。围绕济南新旧动能转换先行区建设和十大千亿产业振兴计划开展专利导航分析，主导产业、区域特色产业专利导航累计达 50 项，企业专利导航累计达 200 项，知识产权运用能力保持领先。

拥有 20 家以上专业化、综合性的知识产权运营机构，主营业务年收入超过 1000 万元。培养引进了专利代理师 60 名。知识产权交易、许可额年均增幅40% 以上。知识产权质押次数、融资金额年均增幅在 30% 以上，知识产权保险金额年均增幅在 30% 以上，积极推进专利商标混合质押。

统筹推进知识产权严保护、大保护、快保护、同保护，知识产权行政执法办案结案率达到 90% 以上，知识产权纠纷案件立案量增幅为 10%。维权援助服务企业每年超过 200 家，构建涵盖司法审判、行政执法、快速维权、仲裁调解、行业自律、社会监督的知识产权大保护体系。

采用 incoPat 专利检索软件对济南市涉及再制造产业的相关专利的有效性进行检索分析，经检索可知，从图 3-6 可以看出，济南市再制造产业相关专利中有效专利近 61 项，占比为 55.56%；审中的专利近 24 项，占比为 21.30%；失效专利近 26 项，占比为 23.15%。

图 3-5 展示的是专利权审中、有效、失效 3 种状态的数量情况，仅统计济南市相关专利。通过该分析可以分别了解分析对象中当前已获得实质性保护、

已失去专利权保护或正在审查中专利数量的分布情况，从整体上掌握专利的权利保护和潜在风险情况，为专利权的法律性调查提供依据。

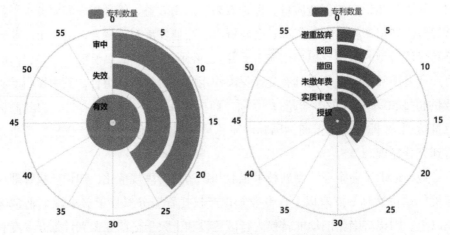

图 3-5　济南市相关专利的有效性与当前法律状态

专利的法律状态在侵权诉讼、产品引进、产品出口、技术转让、企业并购、新产品开发、新项目申报等方面都具有重要作用。通过分析当前法律状态的分布情况，可以了解分析目标中专利的权利状态及失效原因，以作为专利价值或管理能力评估、风险分析、技术引进或专利运营等决策行动的参考依据。从图 3-6 可以看出，造成济南市再制造产业相关专利失效的主要原因包括未缴年费、撤回和驳回。

专利有效率，是指获得授权的专利中处于有效状态的专利所占比例，以发明、实用新型、外观设计公告版本为基准计算。计算公式为：有效率＝有效专利数量／授权专利数量 ×100%。专利有效率是宏观评价专利维持情况和专利质量的重要指标之一。总体来看，济南市除 2014 年外各年专利有效率维持在 80% 左右（图 3-6），运营状况良好，但在专利转让、许可、诉讼方面并不活跃（表 3-6）。

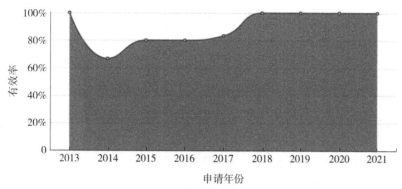

图 3-6　济南市相关专利有效率

表 3-6　济南市再制造专利法律事件

法律事件	转让	许可	诉讼
专利件数	4	0	0

3.6　小结

从宏观层面来看，全国产业相关高价值专利拥有量地市中上海市、苏州市、宁波市、重庆市、成都市具有较大优势；其次为天津市、长沙市、北京市、广州市，北京市由于拥有众多高校与央企且拥有最多的高价值专利数量；杭州市、南京市、唐山市、济南市、西安市、武汉市、青岛市则各具所长，拥有不错的产业发展潜力；另外，值得注意的是沈阳市与泰安市虽然在区位与市场上不占优势，但产业技术发展水平较高。

济南市在拆解、回收与各应用领域的专利基础都较为薄弱，但在关键技术环节有一定的基础。济南市在发明专利占比、海外申请占比、合作申请占比方面低于全国均值；在近 3 年专利申请占比略高于全国均值；在有效专利占比与平均权利要求数上表现优异。总体来看，济南市技术研发活跃度不高、缺少合作研发、创新质量稍差，但在专利维持、技术成果转化方面做得较好，拥有优渥的创新土壤。

在重点企业与科研院所方面，济南市虽然有 2 家重点企业，但其专利占比较小，技术研发有待加强，山东大学申请了济南市此项产业超过五成的专利，拥有较多的高价值专利，同时近 5 年研究论文数量同比增长超过 80%，进步较为迅速。济南市目前从事再制造相关的 44 家企业中，小型再制造工厂占绝大多数，产品较为单一，服务网络落后，并没有形成完善的企业体系。

在人才储备方面，济南市拥有较多重要发明人，应该对其加强培养，增加机械产品绿色（再）制造产业的人才储备；但在核心发明人方面，落后于其他五市；发挥领军发明人的作用，对关键技术环节进行攻坚。

济南市目前已基本构建起要素完备、体系健全、运行顺畅的知识产权运营服务体系，知识产权与创新资源、金融资本、产业发展有效融合，对全市产业升级和经济转型的引领支撑作用显著提升。从专利有效率来看济南市除 2014 年外各年专利有效率维持在 80% 左右，运营状况良好，但在专利转让、许可、诉讼方面并不活跃。

第4章 济南市机械产品绿色（再）制造产业发展路径导航

4.1 整体发展路径规划

再制造是一项复杂的系统工程，涉及各类表面工程及工程修复技术，不可能在所有制造业中同时开展，必须有步骤有重点地选择一些适合开展再制造的产业进行试点。特别像济南市这样完整再制造体系几乎为零的地区，更应该确定优先扶持的再制造行业。根据优势地区开展再制造的实践，结合本地再制造业的现状，本报告认为，可以把济南市工程机械再制造、汽车零部件再制造、新能源设备再制造这三大产业作为优先支持的再制造产业,制定产业战略规划，如图 4-1 所示。

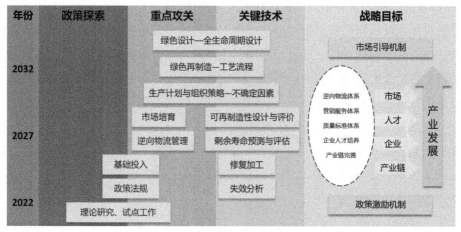

图 4-1 济南市产业发展整体规划

济南市产业发展应该制定总体发展规划目标，即可通过 15 年左右的发展建立起完善的逆向物流体系、营销服务体系、质量标准体系，同时培育一批优秀企业、培养引进相关人才，完善产业链；通过良好的市场引导机制和有效的政府激励机制的支持，实现再制造产业的市场化、规模化和产业化，真正发挥再制造产业强大的环境效益和经济效益。

再制造是一项复杂的社会工程，既涉及表面技术、清洗技术、修复技术和装配技术等工程技术问题，也涉及回收体系、运作模式、营销服务等管理方面的问题，因此，在这两个方面都要进行详细规划。再制造总体战略目标的实现要通过政策探索、重点攻关和关键技术攻关 3 个方面。首先，在政策探索方面，主要解决理论研究和培养试点企业的问题，部分政策法规制定及产业基础投入也是在这一阶段进行。其次，重点攻关方面，主要是建立管理科学、运转协调的废弃回收物流体系，形成产品制造、使用、回收、再制造和再使用的闭环物流链。针对再制造生产的不确定性，增加再制造生产企业数量，减少回收物流半径，降低企业运作风险，并经过政府宣传和引导，建立完善的再制造产品销售市场。最后，也是最重要的关键技术攻关方面，要加强技术创新，逐步向以企业为主体、市场为导向、产学研相结合的技术创新体系目标模式转变发展。从再制造产品的整个生命周期，综合考虑其可拆解性、可回收性、可再生性。加强关键技术的研发工作，包括废旧产品的失效分析、剩余寿命预测与评估技术、再制造产品的全寿命周期评价技术及零部件表面修复系统工程的关键技术，更要在产品设计初期就把再制造的绿色工艺特性考虑在内。在技术创新模式方面，政府应该创造条件，如通过增加研发财政补贴、加强绿色宣传等方式，促进再制造企业之间通过合适的路径，结成合作研发联盟并充分共享研发成果，以形成完全合作溢出研发模式，从而实现社会效益的最大化。

值得注意的是，这 3 个方面的任务可并行实施。第一个 5 年内主要完成探索阶段的任务，同时可进行产品失效分析和修复加工方面的技术攻关。后两个 5 年主要完成重点攻关、关键技术攻关及形成研发技术联盟等方面的工作。

4.2 产业链布局结构优化路径

4.2.1 产业链上游

废旧品回收体系的建立是再制造产业的第一个环节，必须给予充分重视。参考国外废旧品回收实践，根据产品的不同特性可建立以下 3 种废旧品回收体系。

① 秉承"谁生产，谁回收"的原则，通过延伸生产者责任制，促使产品生产企业在废旧品回收利用过程中发挥主体作用，鼓励中国重汽等大型制造商负责废旧零部件的回收，发展逆向物流产业。

② 由产品零售商负责废旧品的回收。这种机制适合于小件产品的回收，可以发挥零售商与客户距离比较近、对客户消费特征比较了解的特性，如小型零部件的回收。

③ 鼓励第三方回收企业进行废旧品零部件的回收，如废旧汽车轮胎的回收。

4.2.2 产业链中游

加大公知技术利用，同时及时做好专利预警、侵权等分析，防范系统性专利风险。在再制造产业领域，中国企业可以在中国大陆自由使用的专利文献公开技术占全球技术的 49%（表 4-1），可以积极参考或利用这些技术，提高研发起点，防止重复研发。同时，要关注可能的专利风险，图 4-2 为对壁垒专利进行聚类，梳理出的重点技术方向。

表 4-1 自由公知技术和壁垒

自由公知技术	潜在壁垒	壁垒
49%	21%	30%

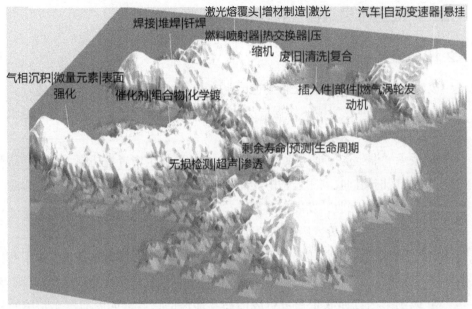

图 4-2　壁垒专利聚类

4.2.3　产业链下游

消费者对再制品的接受度是实现再制造销售渠道的关键要素之一，同时将影响再制品的技术创新水平。济南市再制造产业发展处于起步阶段，政府对再制造的宣传力度不够，再加上民众普遍比较富裕的生活水平所引起的"一次性消费"观念，再制造作为一种新的理念还没有被社会广泛认同，济南市不少消费者目前还难以接受和使用再制造产品，有些人甚至把再制造产品与"二手货"混为一谈，对再制造产业的认识不足。因此，加强提高再制造产品认可度对再制造产业发展极其重要。

首先，以绿色消费为核心，加大对再制造产业的社会宣传，普及再制造知识，强调再制造产品不仅质量和性能上达到或超过新产品，更是拥有强大的环保节能要素。可以学习西方一些国家的做法，在所有再制造商品表面都贴上绿色环保标志，从而引导消费者了解和接受再制造产业，主动积极消费再制造产品。其次，要积极发挥政府的带头作用，鼓励各级政府在采购过程中选用再制造产品，以政府效应带动消费者选购再制造产品。最后，可以将循环经济的理念引入基础教育中，对学生从小进行培养，开设环保课。引领学生以实际行动参与环保运动；通过学生影响家庭、家庭影响社会，形成良性循环系统，最终达到每个人都了解并理解循环经济和再制造，并自觉付诸行动。

4.3 技术发展路径

再制造研发创新能力较弱所导致的再制造产品质量低下是制约济南市再制造产业发展的又一重要因素。一般而言，再制造产品需求及再制造商的利润均与技术创新水平呈正相关。因此，无论对于社会还是再制造企业，都有加大技术创新的内在动力。虽然我国在某些再制造行业的关键技术上取得了显著突破，部分技术已产业化，但由于企业的生产工艺不同，使得技术需求不同，还有很大一部分再制造行业关键技术的研发水平仍然比较低下。在济南加强再制造产品技术研发，不断降低单位制造成本，提高再制造产品质量更成为发展再制造产业的核心要素。

4.3.1 关键技术突破

结合目前济南市技术发展，可以从以下几个方面进行重点技术突破。

（1）研究疲劳寿命预测模型与损伤高效检测方法，建立可再制造性评判准则

研究 FV520B 等材料超高周疲劳 S-N 曲线，揭示其超高周疲劳机理，建立比经典 Murakami 模型更为精确的超高周疲劳强度与寿命预测模型；提出针对材料隐性缺陷的非线性超声检测方法，突破材料内部微损伤检测瓶颈，发明一种新型拉弯扭组合静态疲劳试验系统；建立考虑损伤激励的复合行星轮系动力学模型，揭示基于振动信号的典型损伤特征识别与表征机制；开发集成振动—油液的高效损伤检测技术，研发基于多信息融合的无损检测系统，提升关键部件质量状态检测的准确率。

（2）研究再制造零部件表面污物去除机理，研发高效绿色再制造清洗工艺及设备

建立典型污物分层结构模型，揭示污物黏附机理；研究基于新型多元熔盐

机械产品绿色制造关键技术与装备专利导航

配方的再制造清洗技术，揭示熔盐清洗机理，优化清洗工艺参数，开发高效熔盐清洗设备，实现高质量清洗；提出熔盐—超声复合清洗方法，研发复合清洗技术及设备，实现低温高效清洗；提出等效补给的熔盐清洗方案，实现熔盐的循环利用。开发专用高压水射流清洗设备，实现大型构件的现场高效清洗。

（3）研究增减材复合成形机理，开发增减材复合成形工艺及装备

探究修复层表界面组织结构、加工过程组织演变及应力场演化规律，揭示增材过程异质材料间结合行为，明晰减材过程切削应力与修复层残余应力耦合作用机制；开发面向多种损伤形式的增材修复技术及基于高效切削和低应力电解加工的减材加工技术，提出修复应力与减材加工应力耦合状态下修复层应力主动控制方法，实现成形层形性一体化调控；研发自动纳米复合电刷镀装备、球形阴极电解加工机床和热喷涂双路送粉软硬件系统。

（4）研究正逆向物流集成技术与再制造工艺绿色评估

提出基于多维回收体系的逆向物流技术；研发正逆向物流信息交换技术和集成策略方法，实现逆向物流与企业 ERP 信息系统的集成和流程整合；建立基于敏感性分析的再制造工艺绿色性评估方法，开发绿色工艺评估软件及相关基础数据库，为再制造回收体系和再制造工艺提供信息化管理与评估决策工具。

4.3.2 技术引进

技术引进的手段大致可以归纳为以下 4 种。

一是合资合作共同生产。充分利用 20 世纪 80 年代初期发达国家对中国市场的相对陌生，采取"用市场换技术"的手段，将技术导入合资合作公司，共同开展产品生产和销售，分享收益。主要代表如上海三菱，通过与合资方建立股权纽带关系持续组织合作创新，截至 2014 年年底，共有 381 家外资研发机构落户上海。

二是依托引进跨国公司直接投资等方式，大规模引进技术，同时利用跨国公司的辐射能力，逐渐开展技术的消化吸收再创新。

三是直接购买先进技术，获得发达国家的技术产权，然后将先进技术引入国内，结合国内的劳动力优势和一定的产业基础，进行生产和销售。

四是先购企业再获技术，利用兼并收购的方式，获得发达国家对应企业的所有权，间接获得技术所有权，随之导入国内进行生产和销售。近年来，在原始创新和集成创新能力大幅提高的同时，技术引进消化吸收再创新也取得了一系列的重要进展。

对于济南市而言，可以采取合资合作共同生产与引进跨国公司直接投资的方式来完成技术引进，依托济南市庞大的市场，与三一重工、徐工、中联重科等国内一线公司进行合资合作建设，在合作中提升济南本土企业创新实力；引进卡特彼勒、小松机械等跨国龙头企业，同时警惕其对于本土企业的挤兑。

4.4　企业整合培育引进路径

4.4.1　加强产学研合作，建立企业孵化器

鼓励再制造企业加强与从事再制造研究的高校、科研院所和企业的合作，充分发挥再制造研发中心（如前所述的"山东大学机械工程学院"）的作用，通过开展关键共性技术、成套工艺和装备的开发与工程化，建立再制造检测评价体系，构建再制造产学研用技术创新体系。

中国企业孵化器经历了近 30 年的发展，截至 2017 年年底，全国孵化器数量达到 4069 家，其中国家级孵化器 988 家；众创空间达到 5739 家，其中国家备案众创空间 1976 家。各类孵化载体内在孵的科技型创业团队和企业近 60 万家，培育出高新技术企业 1.1 万家，带动创业就业人数超过 300 万人，拥有有效知识产权达 45 万项。科技企业孵化器可以分为 4 类：一是政府投资兴办的；二是大学主办的；三是民营、私人投资的；四是政府与个人共同创办的。创办的主体尽管不同，但是都通过孵化器这种模式获得各自的利益。学校通过销售产品盈利来支持技术的研究；政府不仅扩大了就业、解决了地区的经济发展，还有助于增加税收。中国科技企业孵化器建设也呈现多元化发展的趋势，地方政府、高新科技园区、高等院校、民营企业、外资都有投资参与孵化器。

结合济南市产业现状，可以同时推进第一类与第二类科技企业孵化器的建设，通过为初创企业提供生产研发空间及基础设施服务来降低创业成本并提高效率；连接风险投资机构和初创企业，降低双方存在的信息不对称；提供一种合理分摊创业者创业成本和创业风险的工具，以此快速增加再制造产

业相关企业的数量。

4.4.2　龙头企业培育

（1）济南天业工程机械有限公司

济南天业工程机械有限公司相关专利申请情况如表 4-2 所示。

表 4-2　济南天业工程机械有限公司相关专利申请情况

序号	标题	申请号	申请日
1	一种挖掘机轴承拆卸工具	CN201610298355.2	2016 年 5 月 6 日
2	一种洗油器	CN201620412469.0	2016 年 5 月 6 日
3	一种拆卸销轴装置	CN201620411496.6	2016 年 5 月 6 日
4	一种转盘修整装置	CN201620403314.0	2016 年 5 月 6 日
5	一种中控阀磨制工具	CN201620399414.0	2016 年 5 月 5 日
6	一种轴承拆卸装置	CN201620412958.6	2016 年 5 月 6 日

（2）济南重工股份有限公司

济南重工股份有限公司相关专利申请情况如表 4-3 所示。

表 4-3　济南重工股份有限公司相关专利申请情况

序号	标题	申请号	申请日
1	一种盾构机后配套轮对液压拆卸系统及使用方法	CN202110757639.4	2021 年 7 月 5 日
2	一种复合超声振动搅拌球磨设备及使用方法	CN202011478104.5	2020 年 12 月 15 日
3	一种激光熔覆用大型环类零件变尺寸立式夹具及使用方法	CN202010811393.X	2020 年 8 月 13 日
4	一种激光熔覆修复盾构机密封跑道的夹具及使用方法	CN202010811642.5	2020 年 8 月 13 日

（3）济南复强动力有限公司

济南复强动力有限公司相关专利申请情况如表 4-4 所示。

表 4-4   济南复强动力有限公司相关专利申请情况

序号	标题	申请号	申请日
1	一种缸体翻转装置	CN202021469418.4	2020 年 7 月 23 日
2	一种活塞连杆拆解台	CN202010913580.9	2020 年 9 月 3 日
3	一种发动机缸盖水道清洗装置	CN201721754508.6	2017 年 12 月 15 日
4	一种水泵密封性检测装置	CN201410730429.6	2014 年 12 月 5 日
5	一种曲轴主轴颈跳动投影夹角专用检具	CN201420839961.7	2014 年 12 月 26 日
6	一种再制造曲轴箱的夹紧装置	CN201410730061.3	2014 年 12 月 5 日
7	发动机电控系统组件功能测试系统及其方法	CN201410565696.2	2014 年 10 月 22 日
8	一种联轴器同轴度检验装置	CN201420612238.5	2014 年 10 月 22 日

上述 3 家龙头企业技术创新的意识相对都较强，但是相关专利申请较少且技术研发领域较为单一，专利布局的能力还有待提高。

4.4.3   专精特新企业培育

如图 4-3 所示，济南市大多数企业都是专攻 1 ～ 2 个方向的企业。对于这些企业，应当结合实际情况采用不同的培育方式。例如，产业链上下游企业可以适当考虑合作创新，或者充分发挥企业在某一个产业环节的技术优势，将其培育成特定环节的专精特新企业。

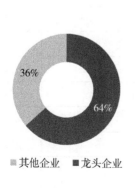

其他企业	专利数量/项
莱芜盛鼎特殊冶金材料再制造有限公司	18
山东中车风电有限公司	5
中国重汽集团济南动力有限公司	4
山东宜修汽车传动工程技术有限公司	2
国机铸锻机械有限公司	1
山东成通锻造有限公司	1
济南东冠汽车零部件有限公司	1
济南新吉尔科技有限公司	1
济南詟谋机械再制造有限公司	1
济南金宝马电子仪表有限公司	1

图 4-3   龙头企业占总体企业比重及其他（非龙头）企业专利情况

4.4.4 企业引进

对国内申请人进行筛选,高价值专利(依据合享价值度评判标准)持有数量超过 10 项的企业共有 45 家,其中上海市拥有 6 家(包含外资),芜湖市拥有 4 家,北京市、泰安市、沈阳市各拥有 3 家,唐山市、苏州市各拥有 2 家,其余城市拥有 1 家,可以对这些企业进行引进,具体如表 4-5 所示。

表 4-5　重点企业列表

序号	申请人	所在地
1	沈阳大陆激光技术有限公司	沈阳市
2	山东能源重装集团大族再制造有限公司	泰安市
3	安徽鼎恒再制造产业技术研究院有限公司	芜湖市
4	中国人民解放军陆军装甲兵学院	北京市
5	河北瑞兆激光再制造技术股份有限公司	唐山市
6	芜湖鼎瀚再制造技术有限公司	芜湖市
7	陕西天元智能再制造股份有限公司	西安市
8	上海新孚美变速箱技术服务有限公司	上海市
9	杭州腾骅汽车变速器股份有限公司	杭州市
10	北京戎鲁机械产品再制造技术有限公司	北京市
11	内蒙古中天宏远再制造股份公司	包头市
12	开利公司	上海市
13	沈阳大陆激光成套设备有限公司	沈阳市
14	路沃特(张家港)动力再制造科技有限公司	苏州市
15	上海锦持汽车零部件再制造有限公司	上海市
16	张家港清研再制造产业研究院有限公司	苏州市
17	南京中科煜宸激光技术有限公司	南京市
18	卡特彼勒公司	上海市
19	宁夏昀启昕机械再制造有限公司	银川市
20	山东能源机械集团大族再制造有限公司	泰安市

续表

序号	申请人	所在地
21	河北京津冀再制造产业技术研究有限公司	沧州市
22	芜湖鼎恒材料技术有限公司	芜湖市
23	安徽再制造工程设计中心有限公司	芜湖市
24	安徽淮海奥可装备再制造有限公司	淮北市
25	浙江翰德圣智能再制造技术有限公司	嘉兴市
26	潍柴动力（潍坊）再制造有限公司	潍坊市
27	辽宁五星智能装备开发有限公司	东港市
28	上海车功坊智能科技股份有限公司	上海市
29	宁波思朴锐机械再制造有限公司	宁波市
30	山东东华装备再制造有限公司	泰安市
31	河南新佰特机电设备再制造有限公司	许昌市
32	成都真火科技有限公司	成都市
33	格林美（武汉）城市矿产循环产业园开发有限公司	武汉市
34	沈阳金研激光再制造技术开发有限公司	沈阳市
35	湖南轩辕春秋工程机械再制造有限公司	长沙市
36	车功坊（江苏）汽车零部件再制造科技有限公司	上海市
37	三立（厦门）汽车配件有限公司	厦门市
38	丹阳恒庆复合材料科技有限公司	丹阳市
39	兰州金研激光再制造技术开发有限公司	兰州市
40	哈工共哲机器人再制造（安阳）有限公司	安阳市
41	唐山科源激光再制造有限责任公司	唐山市
42	山东惟德再制造科技有限公司	东营市
43	山西玉华再制造科技有限公司	长治市
44	中冶焊接科技有限公司	北京市
45	中铁工程装备集团（天津）有限公司	天津市

4.5 人才培育及引进路径

4.5.1 人才培育

目前，中小企业竞争逐渐由技术水平和管理水平的竞争转变为企业人才的竞争，企业人才成为应对国际、国内市场激烈竞争，实现企业战略目标和持续发展的首要资源。可以通过多种方式进行人才培养，具体如下。

利用互联网平台创新培训模式。通过在线学习、师徒制、研讨会、轮岗等培训方式，可将网站、社文产品和互联网工具嵌入相关企业的学习中，如各种在线学习网站、学习APP、微信等，运用互联网学习更符合现代员工的学习习惯，也能有效拓宽学习范围，提高学习效率，真正实现培训的互联、互通、互惠。

校企联合办学培养模式。济南市拥有众多高校，但与再制造产业相关的人才相对较少，可以通过校企合作的方式直接为企业培养社会与市场需要的人才。校企合作，学校通过企业反馈与需要，有针对性地培养人才，结合市场导向，注重学生实践技能，更能培养出社会需要的人才。

校企合作是一种"双赢"模式。校企合作，做到学校与企业信息、资源共享，学校利用企业提供设备，企业也不必为培养人才担心场地问题，实现让学生在校所学与企业实践有机结合，让学校和企业的设备、技术实现优势互补，节约教育与企业成本，是一种"双赢"模式。

4.5.2 人才引进

对国内申请人进行筛选，高价值专利（依据合享价值度评判标准）持有数量超过10项的科研院所共有26所，其中北京市拥有4所，武汉市拥有3所，南京市、沈阳市、镇江市各拥有2所，可以从这些高校进行人才招聘，尤其是沈阳市、大连市、长春市三市，济南市对其人才吸引力较强，具体如表4-6所示。

表 4-6　重点科研院所列表

序号	科研院所	所在地市
1	中国人民解放军装甲兵工程学院	北京市
2	浙江工业大学	杭州市
3	江苏大学	镇江市
4	燕山大学	秦皇岛市
5	重庆大学	重庆市
6	上海交通大学	上海市
7	西安交通大学	西安市
8	江苏科技大学	镇江市
9	华中科技大学	武汉市
10	武汉理工大学	武汉市
11	江苏理工学院	常州市
12	沈阳工业大学	沈阳市
13	青岛科技大学	青岛市
14	南京航空航天大学	南京市
15	合肥工业大学	合肥市
16	大连理工大学	大连市
17	吉林大学	长春市
18	西南交通大学	成都市
19	东北大学	沈阳市
20	南京工程学院	南京市
21	广西大学	南宁市
22	武汉科技大学	武汉市
23	北京科技大学	北京市
24	北京航空航天大学	北京市
25	中国航发北京航空材料研究院	北京市
26	广东工业大学	广州市

4.6 专利协同运用及运营路径

4.6.1 组建知识产权联盟

在新形势下国内社会经济发展和国际竞争关系中，知识产权的重要性日益凸显，知识产权保护在企业发展过程中逐渐成为不可或缺的部分，但限于企业自身规模和可投入知识产权经费，往往难以形成系统性保护和发展。地方产业的中小企业可以组建知识产权联盟的模式。

构建突出单一功能的知识产权联盟。结合各区县产业的实际情况，根据知识产权侵权纠纷情况、专利分布情况等，设立主题突出的知识产权联盟，给予资金、人员、制度等各类资源的倾斜。例如，以保护为主的知识产权联盟，着重处理知识产权侵权纠纷的内部协调和援助，以及对外维权和应诉；又如，以创造为主的知识产权联盟，着重分析地方产业的发展趋势和核心技术路线，指导成员企业做好专利布局，均衡 3 类专利在地方产业的占比。

建立小规模的知识产权联盟。联盟自身也是在不断发展和进步的，并不需要一步到位，知识产权联盟的备案制度本身也保障了其组成成员是可进可出的。因此，在建立之初，可以将积极性较高、有利益关系的企业组成核心圈，围绕核心圈建立联盟雏形，根据国家知识产权局的指导意见设立必要的程序和内容，之后通过等运行绩效收益来吸引其他企业不断加入联盟中。

4.6.2 构建专利池

专利池（Patent Pool）指为实现多个权利人之间的交叉许可或统一对外许可，由多个利权人协调一致而形成的一种战略联盟组织形态。专利池的最初目的是为促进专利许可，提高技术开发和保护。世界上第一个专利池出现在 1856 年，是美国的缝纫机联盟。当时几乎美国所有的缝纫机专利权人都加入其中。之后美国飞机行业为减少专利壁垒，提高飞机产量，形成了飞机生产商聚集的专利池。专利池是科学技术发展和专利制度相结合的产物，能够大大减少专利许可中的交易成本，丰富专利制度的内容，减少专利授权弊端，推进科学技术的发展。在专利池构建过程中需要注意以下几点。

① 明确专利池的模式和规划。在构建的初始阶段，可根据实际情况，选

择企业联盟或产品型专利池。这一阶段的主要目的是加强行业协作，抵御外来攻击。随着我国循环经济的不断发展，再制造产业奠定了发展基础之后可随外界环境的变化选择适合高级阶段发展的标准型专利池，该专利池的主要目的为抢占技术要点、争取具有制定行业标准的能力。无论何种模式和规划的选择，都要立足于国情和行业实际，并随着外界环境和行情的变化进行动态调整，以使专利池充满生命力和竞争力。

②相关企业应当提高研发能力，保持自身开放性。在再制造产业专利池构建之前，明确提高核心专利和互补性专利比重的目标。池内产业通过自主创新和研发的投入争取取得核心技术发展，从而拥有更多知识产权，争取掌握行业制定标准的决定权，这样才能保证再制造产业专利池不可撼动的地位。再制造产业的专利池可通过开发和吸收新的专利及相关产业来保持自身的开放性。即使是影响力较强的专利池也需要随时把握行业技术发展的方向，及时开发或引进关键性专利，排除无效专利，实现对池内专利构成的合理动态整合。

③制定对原产品修理和再制造纠纷的防御、处理办法。再制造产业的很多专利纠纷都是围绕对原产品修理和再制造的区分，因此，建立一套相应的防御机制事不宜迟，进一步提高池内企业的知识产权防御能力。池内管理机构应对企业的产品及技术实施专利检索与分析，绘制再制造产业的专利地图，防止侵权问题的发生。若涉及专利侵权问题，可由该企业或池内专业管理机构做好侵权分析，还可聘请或培养专利律师和再制造技术人员，对产品属于修理还是再制造进行法理分析。如果确实涉及专利侵权，需积极与权利人协商取得授权许可。

④做好专利池的运营和维护。为了妥善处理好专利池内的利益分配问题，再制造产业专利池可采取数量与质量相结合的分配方式。一方面，保证了必要专利的比重；另一方面，体现出公平性，提高了联盟的凝聚力。对入池专利进行严格审核，并将无效专利及时排除，聘请第三方或由管理机构内专业人士成立小组对池内专利进行固定期限的评估，达到专利池的两大重点——运营与维护。

4.6.3 协同运营

知识产权市场化有多种方式，也有不同的分类纬度。从企业角度看待知识产权市场化，在路径选择和归类上主要考虑将知识产权与企业（权利人）主营业务的分离度作为路径和归类的主要依据，其路径大致可以分为3个：权利人自商用、知识产权金融和知识产权运营。

权利人自商用需要做好知识产权布局和维权，提高竞争壁垒，充分利用知识产权保护和扩大市场范围。在面临侵权行为时，采取有效措施果断行动包括不限于行政、司法保护等，以阻断侵权和获得经济赔偿。权利人自商用在知识产权保护力度越来越强的大背景下，企业将自身的知识产权商业化，可以相对容易地获得知识产权保护产品或服务的额外溢价。

知识产权金融目前主要包括两种方式：其一是知识产权质押融资，也就是权利人将知识产权质押给金融机构，然后获得金融机构贷款融资；其二是通过知识产权证券化，获得直接的现金流。知识产权金融本身就是为企业融资服务的，尽管完全独立地按照知识产权的价值融资暂时还做不到，但2019年1500亿元的知识产权质押融资还是解决了很多企业的资金需求。当前的金融政策鼓励科技型企业的融资，无论是2019年上交所科创板正式上市交易，还是深交所创业板注册制的改革加速，抑或是鼓励和支持知识产权质押融资和证券化，都是在用多种金融手段鼓励科技型企业的融资。

常用的知识产权运营包括知识产权的许可、转让和商业维权。知识产权运营意味着知识产权是一种独立或半独立的产品或服务，目前运营相对容易的一些知识产权类型为著作权和商标。

济南市各公司应当以知识产权自商用为主，组建产业知识产权联盟，通过联盟企业产品或服务的大规模商业化积累知识产权（专利为主）成果，增强联盟行业影响力，进一步根据上下游关系、竞争环境等实施知识产权运营。

4.6.4 发挥中国（济南）知识产权保护中心作用

中国（济南）知识产权保护中心（简称"济南保护中心"），主要面向高端装备制造（智能制造装备、机器人及智能硬件、航空、航天、先进轨道交通装备、高技术船舶与海洋工程装备、新能源汽车等）和生物医药（生物制品制造产业、生物工程设备制造产业、生物技术应用产业等）产业开展专利申请快速预审、专利复审及无效请求快速预审、专利权评价报告快速预审服务。目前，经国家知识产权局批准，济南保护中心专利快速预审技术领域分类号已确定，预审范围涵盖高端装备制造产业领域 95 个 IPC 分类号，17 个洛迦诺分类号；生物医药产业领域 23 个 IPC 分类号，10 个洛迦诺分类号。

再制造产业相关分类号如表 4-7 所示。

表 4-7　再制造产业相关分类号

序号	主分类号小类	分类号说明
1	B08 B	一般清洁；一般污垢的防除
2	B09 B	固体废物的处理
3	B23 D	刨削；插削；剪切；拉削；锯；锉削；刮削；其他类目不包括的用切除材料方式对金属加工的类似操作
4	B23 K	钎焊或脱焊；焊接；用钎焊或焊接方法包覆或镀敷；局部加热切割，如火焰切割；用激光束加工
5	B23 P	未包含在其他位置的金属加工；组合加工；万能机床
6	B61 C	机车；机动有轨车
7	B66 C	起重机；用于起重机、绞盘、绞车或滑车的载荷吊挂元件或装置
8	B60 R	不包含在其他类目中的车辆、车辆配件或车辆部件
9	B61 F	铁路车辆的悬架，如底架、转向架或轮轴；在不同宽度的轨道上使用的铁路车辆；铁路车辆预防脱轨；护轮罩，障碍物清除器或铁路车辆类似装置

2020 年 6 月 16 日，济南保护中心举办专利预审业务培训班，同时与九三学社济南市委共同开启以"加强知识产权保护、助力提升创新环境"为主题的知识产权泉城论坛。

济南市以保护中心建设为契机，打通和拓展了知识产权创造、运用、保护、管理、服务的全链条，使创新主体在外观设计、实用新型和发明专利的授权、确权和维权，以及专利预警与导航等方面更加及时高效，与济南市优势特色产业相结合，与知识产权重点项目、重点工程对接，形成叠加效应，为济南市机械产品绿色（再）制造产业创新发展提供有力支撑。

第5章 济南市产业发展政策性文件制定建议

5.1 产业政策制定的必要性

根据党的十九届五中全会精神和《中共山东省委关于制定山东省国民经济和社会发展第十四个五年规划和 2035 年远景目标的建议》，山东省政府编制形成了《山东省国民经济和社会发展第十四个五年规划和 2035 年远景目标纲要》，擘画了未来 15 年山东发展的宏伟蓝图，明确了未来 5 年经济社会发展的总体目标、主要任务和重大举措。对于绿色制造产业提出着眼产品全生命周期绿色化，大力开发具有节能、环保、无害化、高可靠性、长寿命、可回收等特性的绿色产品，提高绿色产品供给质量。高质量建设绿色工厂，推动企业加快低效设备淘汰与高效替代，提升基础计量能力和能源环境综合提升，加快提高能源资源利用效率。持续打造绿色工业园区，推动园区能源梯级利用、废物综合利用、水资源高效循环利用，构建低碳零碳导向的资源能源体系、循环经济产业链。加快建立绿色供应链，鼓励行业龙头企业构建数据支撑、网络共享、智能协作的绿色供应链管理体系，将绿色低碳理念贯穿产品设计、采购、生产、销售、回收处理和再利用全过程，提升供应链协同水平。

5.2 总体要求

5.2.1 指导思想

以习近平新时代中国特色社会主义思想为指导，全面贯彻党的十九大和十九届二中、三中、四中、五中全会精神，认真落实习近平总书记关于制造强国的重要论述和对山东工作的重要指示要求。紧紧围绕山东省委、省政府"七个走在前列""九个强省突破"总体部署。立足新发展阶段，完整、准确、全面贯彻新发展理念，主动服务和融入新发展格局，坚持稳中求进工作总基调，以推动高质量发展为主题，以深化供给侧结构性改革为主线，以改革创新为根本动力，以满足人民日益增长的美好生活需要为根本目的，以新旧动能转换塑成优势为目标，统筹发展和安全，坚决淘汰落后动能，坚决改造提升传统动能，坚决培育壮大新动能，加快建设制造强市，打造具有全球竞争力的先进制造业基地，为新时代现代化强市建设提供有力支撑。

5.2.2　基本原则

（1）遵循规律，创新驱动

遵循工业演进规律、科技创新规律和企业发展规律，借鉴国际先进经验，建设具有中国特色的再制造体系。按照建设现代化经济体系的要求，发挥济南市工业体系完备、产业基础坚实的优势，引进培养高端人才，加强科研攻关，实现创新驱动发展。

（2）市场主导，政府引导

发挥市场在资源配置中的决定性作用，更好发挥政府的引导作用。强化企业市场主体地位，激发企业内生动力，推进技术创新、产业突破、平台构建、生态打造。发挥政府在加强规划引导、完善法规标准、保护知识产权、维护市场秩序等方面的作用，营造良好的发展环境。

（3）技术引领，创新驱动

把创新摆在发展的核心位置，完善体制机制，构建创新平台，突破关键共性技术和核心环节，推进重大技术创新，走创新驱动发展的路子。

（4）整机带动，配套协同

以整机创新发展为引领，支持整机与核心基础零部件再制造、先进基础工艺和产业技术基础协同发展，促进再制造产业链纵向延伸。

（5）系统谋划，统筹推进

做好顶层设计和系统谋划，科学制定、合理规划再制造技术路线和发展路径，统筹实现技术研发、产业发展和应用部署良性互动，不同行业、不同发展阶段的企业协同发展，区域布局协调有序。

（6）双招双引，开放合作

充分利用综合试验区品牌优势，进一步扩大开放，加快引进国内外知名企业和高端人才，推进再制造领域的产业、技术、标准、服务在更高层次上的国际化发展。

5.3 具体建议

济南市虽然制造业整体水平较高，再制造具有良好的经济基础，但由于受到废旧品回收体系不完善、再制造企业间信息共享程度低、再制造研发创新局限于理论范围且总体水平不高、消费者对再制品接受度较低及政府缺乏必要的宣传和扶持政策等因素的困扰，再制造产业仍然只处于起步阶段。在对济南市再制造产业提出问题的基础上，结合国外再制造先进国家的实践经验，提出了济南市发展再制造产业的战略路线图，并从建立完整的废旧品回收体系和通畅的营销渠道、完善各项再制造法律法规、加强产学研合作、提高企业再制造自主创新水平和加强再制造产品的社会宣传等方面提出了具体对策，希望能够为济南市再制造产业乃至绿色循环经济的政策制定提供一定的参考。

5.3.1 不断完善各项再制造法律法规

济南市政府各相关部门应致力于逐步建立起具有地方特色的废旧产品的法律体系。根据我国再制造产业发展状况，全面梳理现有政策措施，进一步细化再制造产品相关的法律法规，逐步形成"法律—行政法规—部门规章—规范性文件—相关标准及技术规定"的形式。具体来讲，当前再制造急需的法律法规重点如下。

① 制定济南市再制造产品目录，不断丰富目录所覆盖的产品门类及数量。根据济南市再制造产业发展战略规划，工程机械、汽车零部件、新能源设备等三大再制造优先产业的产品目录应率先制定。

② 建立济南市再制造产品质量标准，规范再制造准入门槛。虽诸如汽车零部件再制造领域已经有国家标准存在，但鉴于济南市再制造产业比较薄弱的现状，再制造产品质量标准可以略低于国家标准。但在质量标准中，仍应该强

调再制造产品技术增值的特征，把再制造产品和翻修品、二手品进行区别，从而规范再制造企业的准入门槛，防止假冒产品与再制造产品相混淆。

③形成再制造产品认证体系，明确再制造产品知识产权方面的独立地位。美国法律明确规定再制造商不需要经过原制造商的授权就能进行再制造产品的生产。济南市再制造法规可以效仿这一点，适时修改专利法。明确要求初始制造商在一定条件下，许可他人再制造其生产的已报废整体设备和零部件。特别需要注意的是，由于挤兑效应的存在，新产品的专利授权经营对再制造产品的发展是不利的。通过形成再制造产品认证体系，将能有效避免再制造产品知识产权纠纷，大大降低企业独立开展再制造业务的准入阻力。

④制定再制造产品独有的税收政策，对再制造产品进行税收优惠。

5.3.2　组建知识产权联盟

总体思路是做到既不增加企业负担，又能有效促进企业知识产权发展。其核心做法是合并企业知识产权的日常管理事项，提高核心事项的服务能力。例如，企业专利年费管理、知识产权台账、专利申报委托代理等日常事项可由联盟统一处理，节约成本的同时又能提高效率；又如，研发前检索、知识产权侵权风险规避等核心事项由联盟初审后交由专业的服务机构处理，既能提前避免不必要的浪费又能提高内部沟通效率。

5.3.3　加强再制造产业专利池的建设和推广

政府需要充分认识到在循环经济背景下构建专利池对再制造产业的重要意义，从主导角色向指导角色转变，采用多种鼓励性、综合性的措施对其建设提供大力支持。对国内外再制造产业的专利池进行调研分析，结合济南市再制造产业本土特性，为专利池建设提供经验借鉴。

同时建立监管方法和预防体系。专利和技术垄断是专利池附带的衍生问题。除填补了反垄断法律的空白之处外，还可以从外国学习经验，如专门建立规则明确、严格执行命令的监管机构，可按类型或区域的划分来负责领域范围内的监管工作。为防止知识产权和垄断等相关问题的出现，提前制定一套预防问题出现的预警方法，使得济南市再制造产业专利池的运营有法可依，有法所处。

5.3.4　建立完善的废旧品回收体系和通畅的营销渠道

济南市政府相关部门应在充分的市场调研和理论学习后，制定合理统一的产品回收和处理标准，建立完善的废旧品回收机制，规范市场秩序。例如，2006 年，在学习和参考欧盟 ELV（End-of-Life-Vehicle, 报废车辆指令）的基础上，国家发展改革委制定了《汽车产品回收利用技术政策》，制定了各阶段目标和时间要求，规定了汽车回收利用技术的标准。济南市有关部门应以此为发展准则，分行业分别制定各阶段发展目标及合理详细的标准。

废旧品回收体系的建立是再制造的第一个环节，必须给予充分重视。参考国外废旧品回收实践，根据产品的不同特性建立废旧品回收体系。

尽管济南市再制造还处于初级阶段，但相关政府部门仍应该未雨绸缪，认真策划，吸收当前营销理论的最新成果，致力于建立再制造产品通畅的营销渠道。根据再制造产品种类选择合适的营销模式，如装备制造零部件等再制造产品，应鼓励由制造商直接销售，因为这些制造商资金实力比较强大，且已经拥有完善的销售渠道。而诸如再制造手机、电脑等家用电器则应鼓励由零售商进行代销，并应积极鼓励通过网络渠道进行销售。另外，在营销体系构建过程中，应鼓励再制造企业和销售企业之间建立良好的信息分享机制。两者可共同投资建设客户关系管理系统，销售企业通过 ERP、大数据等技术手段对消费者的绿色需求进行精准预测，并把市场需求的数据通过信息系统共享给制造商，制造商再以此作为再制造的生产依据。同时，应鼓励再制造企业和销售商积极构建战略联盟，以共同的利润目标进行产品绿色度、零售价的决策，以此实现绝对利润及信息分享价值的最大化。

5.3.5　加强社会宣传，增强消费者环保意识，提高公众对再制造产品的接受度

济南市再制造产业发展处于起步阶段，政府对再制造的宣传力度不够，加上民众普遍比较富裕的生活水平所引起的"一次性消费"观念，再制造作为一种新的理念还没有被社会广泛认同，目前不少济南市消费者还难以接受和使用再制造产品，有些人甚至还把再制造产品与"二手货"混为一谈，对再制造产业的认识不足。为了实现社会绿色效应，应考虑消费者对再制造产品的认可度

和研发模式及市场结构等多重因素。加强对再制造产品性能的大力宣传，让消费者理解再制造产品与新产品的本质区别，提高对再制造的接受度。

5.3.6　加大对再制造企业的扶持范围和力度

济南市政府要从财税政策方面扶持再制造企业，培养制造业中的龙头企业（如重汽集团），或认定已开展部分再制造业务的企业（如济南复强动力有限公司）为全市再制造试点企业。逐步对再制造产品实行减征或免征增值税政策，继续深化"以旧换新""以旧换再"试点工作，落实试点企业补贴资金的拨付；继续完善信贷、担保等投融资渠道，对通过自身销售和维修网络回收旧件的企业、再制造重点建设项目，给予一定比例的资金支持；将再制造产业发展纳入循环经济发展专项资金重点支持。在对再制造各环节进行财政补贴时，应利用科学的管理方法进行合理的补贴，实现政策效益的最大化。在废旧品回收环节，政府不应对制造商刻意设置补贴门槛，而应在加大补贴力度的同时选择合适的补贴对象，并且要努力保持各方市场力量的均衡；在再制造环节，政府应加大对企业废旧品回收和再制品生产的激励力度，从而降低再制造成本、提高再制造率。

5.3.7　加强政、产、学、研、用合作，进行科学研发决策，提高企业再制造自主创新水平

发挥政、产、学、研、用的协同作用，切实推进政、产、学、研、用一体化的人才培养模式。政府、高校、企业、研究机构是人才培养最直接的相关者，政府需对人才缺口问题给予高度的重视和关注，以完善再制造产业人才培养的规划与布局；高校与研究机构需积极响应产业发展要求，加快产业学科建设与设置，提供符合再制造产业快速发展的专业课程、教学设计、实践内容，注重与企业进行融合交流，在人才培养过程中进行技能、实践能力的提升；企业要通过多渠道做出人才培养的努力，树立人才培养理念，与专业职业教育机构联合，定期进行应用型、服务型人才培训，同时加强与国内外优秀企业交流沟通，进行学习、探讨人才培养模式，建立完整的人才引进机制，吸引优秀人才融入。

機械産品绿色制造关键技术与装备专利导航

5.3.8　积极设立产业园区

加快推动济南市再制造产业规划布局集聚发展，规划建设再制造专业园区，积极引导国有和民间资本通过多渠道融资进入再制造行业，引导济南市再制造企业与国内优势企业合作，共建研发机构或合资公司，促进济南市再制造产业"内生式"发展。通过"引进来，走出去"壮大生产规模，壮大龙头企业，共同打造济南市再制造产业群聚和完整产业链。利用园区的集群效应和配套的刺激性优惠政策，吸引有志创新创业的知识分子、高技术团队入区，为再制造产业发展打造一流的人才孵化、创新创业基地，搭建一体化产业技术创新链条。另外，要充分利用各种招商对接推介平台，加大招商引资力度，鼓励引导再制造产业项目向规划建设的再制造产业园区集聚发展。

5.3.9　加强人才队伍建设

充分发挥政府部门宏观管理与政策引导作用，不断完善统筹协调机制，加强政府部门、科研机构和企业在管理、数据共享、联合行动等方面的协调，构建跨部门交流合作与协调配合的平台，使济南市人才培养和供给形成完整的闭环，以逐步填补济南市再制造产业巨大人才缺口，持续推动产业健康发展。

引导企业要转变传统的经营机制与用人机制，积极探索创新人力资源管理模式。以多种形式结合的激励机制吸引再制造产业的技术骨干与高级管理人才加盟，可采用人力资本、技术入股、期权等多种形式，改善与营造良好的企业环境，打造适合企业自身发展的企业文化，从而激发员工的积极性和创造性。另外，企业要强化再制造领域的专业人才进行技能提升培训，加强和促进企业开展相关技术培训，加强校企合作，集中培养关键领域中的稀缺人才，培养高素质的技能型人才。

5.3.10　搭建共享平台

积极开展并促进再制造产业发展的国际、国内交流与合作。充分运用行业协会、学会、产业联盟等第三方机构的组织协调作用，搭建更多交流合作载体，多渠道、多层次地开展技术、标准、产品、人才、资本等方面的国际、国内交流与合作，积极推动济南市再制造产业技术创新和发展。

- 186 -

　　此外，着力推动建设济南市再制造公共服务平台。充分发挥互联网在生产要素配置中的优化集成作用，将互联网与再制造产业进行深度融合，加快形成以再制造为主体、互联网为依托、公共服务为支撑，集政策研究、产融合作、资源汇聚、人才交汇、标准制定、创业孵化等为一体的综合服务体系。围绕再制造产业相关技术和产品推广开展跨界交流，促进行业内信息交流和跨界合作，实现跨机构、跨区域的资源整合与信息共享，全面打通创新链、产业链、人才链和资本链，促进济南市再制造产业良性可持续发展。